21 世纪高等院校电气工程与自动化规划教材

21 century institutions of higher learning materials of Electrical Engineering and Automation Planning

DSP technology and Application

DSP 技术与应用

段丽娜　主编

虞沧　孟文中　副主编

人民邮电出版社

北　京

图书在版编目（ＣＩＰ）数据

DSP技术与应用 / 段丽娜主编. -- 北京：人民邮电
出版社，2013.7
21世纪高等院校电气工程与自动化规划教材
ISBN 978-7-115-31833-6

Ⅰ. ①D… Ⅱ. ①段… Ⅲ. ①数字信号处理－高等学
校－教材 Ⅳ. ①TN911.72

中国版本图书馆CIP数据核字(2013)第123615号

内 容 提 要

本书以 TMS320LF2xx 系列 DSP 为例，重点介绍了 TMS320C2xx 及 TMS320LF24x 芯片的 CPU 结构、TMS320LF2407A 的中断系统、事件管理器、ADC、SCI、SPI、CAN、通用 I/O 器、WD、PLL 等丰富 DSP 集成外设模块的软硬件资源与编程方法，初学者可以按照书中给出的步骤动手操作，结合本书的实验教程掌握 DSP 应用技术。

本书既可作为高校自动化专业本科生和研究生学习 DSP 的教材和参考书，也可供从事 DSP 芯片开发与应用的广大工程技术人员参考。

◆ 主　编　段丽娜
副 主 编　虞　沧　孟文中
责任编辑　王小娟
责任印制　沈　蓉　焦志炜

◆ 人民邮电出版社出版发行　北京市崇文区夕照寺街 14 号
邮编　100061　电子邮件　315@ptpress.com.cn
网址　http://www.ptpress.com.cn
北京昌平百善印刷厂印刷

◆ 开本：787×1092　1/16
印张：11.5　　　　　　　　2013 年 7 月第 1 版
字数：286 千字　　　　　　2013 年 7 月北京第 1 次印刷

定价：26.00 元

读者服务热线：**(010)67132746**　印装质量热线：**(010)67129223**
反盗版热线：**(010)67171154**
广告经营许可证：京崇工商广字第 0021 号

目前，各种各样的控制系统、通信系统、网络设备、仪器仪表等都是以微处理器为核心的。几十年来，随着大规模集成电路技术的不断发展，微处理器的性能越来越高、体积越来越小、系列越来越多。微处理器从过去单纯的中央处理单元，发展到将众多外围设备集成进片内形成单片机；由过去的 8 位机，发展到 16 位机、32 位机。DSP 控制器就是一款高性能的单片机。

为了实现高性能，就需要能快速地完成复杂算法，这是普通单片机的瓶颈。由于大规模集成电路工艺技术的突破，DSP 控制器的价格已和普通单片机相接近，但其性能远远超过了普通单片机。DSP 控制器由原来 DSP 处理器（数信号处理）发展而来，它的突出特点就是采用多组总线技术实现了并行机制，有独立的加法器和乘法器，有灵活的寻址方式，从而可以非常快速地处理复杂算法。可以预见，在不远的将来，DSP 控制器符在控制系统、通信系统、网络设备、仪器仪表甚至高性能的家用电器上得到非常广泛的应用。

在 DSP 领域中，美国德州仪器（Texas Instruments）公司的产品有着较强的竞争力。其中 TMS320DSP 是其代表系列。1982 年，TI 公司推出了 TMS320 系列的第一种产品——TMS32010。现在 TMS320 系列已有定点型的 C1x、C2x、C2xx、C5x、C54x，浮点型的 C3x、C4x，多处理器型的 C8x。DSP 控制器——TMS320C24x 是在 TMS320C2xx 的基础上集成了大量的片内外设而成的一款适用于工业控制的 DSP 芯片。目前该款芯片在国内控制界得到广泛的关注。

DSP 控制器出现的时间不长，可以利用的资料较少，主要是各厂家的说明书与使用手册。为了使广大工程技术人员更好地进行 DSP 控制器的开发工作，本书作者在近几年从事 DSP 控制器的教学与研发工作的基础上写下了这本书。本书首先概述 DSP 控制器的发展过程及其特点；接着介绍 DSP 控制器的总体结构，特别说明了 DSP 控制器多组总线技术与并行机制的实现；然后分别介绍片内外设的结构、原理与使用方法；跟着介绍了 DSP 控制器的指令系统；最后给出两个应用实例。本书的第 1～第 4 章和第 6 章由段丽娜编写；第 5 章由虞沧和孟文中共同编写；所有插图由孟文中完成。

赵金博士全面审阅了本书的内容并提出了宝贵的修改意见，在此向他表示感谢。雷迈特公司在华中科技大学武昌分校机电与自动化学院设立 DSPs 开发实验室并提供了许多相关技术资料，也在此向他们表示感谢。

由于作者水平有限，不足之处敬请读者批评指正。

作　者
2013 年

目　　录

第 1 章 概 述

1.1 引言

我们通常所说的 DSP 有两个含义。其一是 Digital Signal Processing 的简称，是指数字信号处理技术。它不仅涉及许多学科，还广泛应用于多种领域，特别是从 20 世纪 60 年代开始，计算机和信息技术的迅猛发展推动了数字信号处理技术的理论和应用领域的发展。其二是 Digital Signal Processor 的简称，即数字信号处理器（也称为 DSP 芯片）。它不仅具有可编程性，而且其实时运行速度远远超过通用微处理器。它是一种适合于数字信号处理的高性能微处理器。数字信号理器已成为数字信号处理技术和实际应用之间的桥梁，促进了数字信号处理技术的发展，也极大地拓展了数字信号处理技术的应用领域。

在微电子技术发展的带动下，DSP 芯片的功能日益强大，开发环境日臻完善，应用领域不断扩大。在步入数字化时代的进程中，数字信号处理器扮演着举足轻重的角色。

本书中的 DSP 主要是指数字信号处理器，书中详细介绍了 DSP 芯片的结构、指令系统及应用。当然，要充分利用好数字信号处理器，必须要掌握相关的数字信号处理技术。在介绍 DSP 芯片之前，先简单回顾一下数字信号处理的一般流程。

数字信号处理系统一般是利用计算机或专用处理设备对信号进行滤波、采集、变换、存储和处理，得到需要的信号形式。采用 DSP 芯片的信号处理系统的一般框图如图 1.1 所示。

图 1.1　DSP 数字信号处理系统结构框图

由图 1.1 可见，DSP 模块的输入和输出数据都是数字信号，利用 DSP 的快速实时的数字处理能力以及根据数字信号处理的要求，在数字信号处理之前必须加预处理模块；同样，DSP 的数字输出信号也必须转换为系统需要的信号形式。当然在有些系统中并不一定每部分都需要。例如，如果系统输入信号本身就是数字信号，显然不需要低通滤波和 ADC 模块，有些 DSP 芯片包括了 ADC 甚至 DAC。

数字信号处理模块是系统的核心，贯穿本书的始末。下面先对框图中数字信号处理前后的各模块略做说明。

低通滤波——将连续信号 $x(t)$ 中的一些次要成分滤除。例如，滤去幅度较小的高频成分及一些杂散信号，以满足采样定理等数字信号预处理要求。

ADC——一般系统中待处理的信号往往是模拟信号，那么在数字信号处理前，首先需要将模拟信号经过模—数转换器（ADC）转换为数字信号。对模拟信号的采样必须满足采样定理，即采样频率必须大于或等于模拟信号最大频率分量的 2 倍，这样才能由采样信号无失真地恢复原模拟信号。在此前提下，通道按等间隔 T 对模拟信号的采样，得到一串采样点上的样本数据，当一串数据可看作时域离散信号 $x(n)$，用 m 位的 ADC，将各 $x(n)$ 转换为 m 位二进制数据，即形成数字信号。

DAC 与平滑滤波——数字信号经过处理后，要经过 DAC 转换为模拟信号，DAC 输出是一个零阶保持器输出，即输出是台阶形的。所以一般在 DAC 之后加一平滑低通滤波器，清除多余的高频分量，对产生时间域模拟信号波形起平滑作用。

以上这些环节包括数字信号处理的一些算法，请读者参阅有关信号处理技术的专著。本教材仅介绍数字信号处理器，即 DSP 芯片。只有掌握 DSP 技术和熟悉 DSP 芯片的功能及应用技巧，才能设计、实现一个高效的信号处理系统。

1.2 DSP 芯片

1.2.1 DSP 芯片概述

1. DSP 的发展和分类

在数字信号处理技术发展的初始阶段，人们只能在通用的计算机上进行算法的研究和系统的模拟与仿真。随着数字信号处型技术和集成电路技术的发展，以及数字系统的显著优越性，促进了 DSP 芯片的产生和迅速发展，DSP 芯片的出现才使实时数字信号处理成为现实。

第一个 DSP 器件是 1978 年 AMI 公司宣布的 S2811。

1979 年 Intel 公司推出的 Intel 2920 是第一块脱离了通用型微处理器结构的 DSP 芯片，成为 DSP 芯片的一个主要里程碑。

1980 年前后，日本 NEC 公司推出的 μPD7720 是第一个具有硬件乘法器的商用 DSP 芯片。第一个采用 CMOS 工艺生产浮点 DSP 芯片的是日本 Hitachi 公司，它于 1982 年推出了浮点 DSP 芯片。1983 年，日本 Fujitsu 公司推出的 MB8764，其指令周期为 120ns，且具有双内部总线，从而使处理器的数据吞量发生了一个大的飞跃。而第一片高性能的浮点 DSP 芯片应是 AT&T 公司于 1984 年推出的 DSP32。

1982 年前后，美国德州仪器公司（Texas Instrument，TI）成功推出其第一代 DSP 芯片 TMS32010 及其系列产品 TMS32011、TMS32C10 / C14 / C15 / C16 / C17 等，之后相继推出了第二代 DSP 芯片 TMS32020、TMS320C25 / C26 / C28，第三代 DSP 芯片 TMS32C30 / C31 / C32，第四代 DSP 芯片 TMS32C40 / C44，第五代 DSP 芯片 TMS32C50 / C51 / C52 / C53 以及集多个 DSP 于一体的高性能 DSP 芯片 TMS32C80 / C82，第六代为更高性能的 TMS320C64x / C67x 和高性能的 DSP 控制器 C28x 等。

TI 在其 TMS320 系列芯片上设置了符合 IEEE1149 标准的 JTAG（Jiont Test Action Group）标准测试接口及相应的控制器，通过 JTAG 和专用的仿真器支持 DSP 的仿真和程序的装入（下载），方便了 DSP 应用系统的开发。

Motorola 公司 1986 年推出了 MC56001 定点 DSP 芯片，1990 年推出了与 IEEE 浮点格式

兼容的 MC96002 浮点 DSP 芯片。Motorola 的 DSF 芯片上设置了一个 OnCE（On-Chip Emulahon）功能模块、用特定的电路和引脚使用户可以检查片内的寄存器、存储器及外设，用单步、断点和跟踪等方式控制和调试程序。目前在 DSP 市场仍有一定影响。

美国模拟器件公司（Analog Devices，简称 AD）也相继推出了一系列具有自己特点的 DSP 芯片，在 DSP 市场上也占有一定份额。

还有许多其他厂家生产 DSP，市场占有率排名前 4 位的公司有 TI、Agere（原 Lucent，中文名为朗讯）、Motorola 和 ADI。它们的市场份额分别是：TI 为 43.5%，Agere 为 16.1%，Motorola 为 12.0%，ADI 占 8.2%。2001 年 DSP 市场总营收为 42.6 亿美元。

我国 DSP 技术起步早，基本上与国外同步发展。我国已有上百所大学从事 DSP 的教学和科研，在信号处理理论和算法上与国外处于同一水平。但 DSP 芯片几乎完全依赖进口，其中 TI 公司产品占 80％以上。TI 国内技术支持公司主要有 TI 中国办事处、北京闻亭（WINTECH）公司、北京台众达公司、武汉力源公司等。目前所用的 DSP 开发工具基本上都是这几家公司的产品。

如上所述，DSP 芯片型号多种多样，分类也有多种方法，但主要有以下两种。

按 DSP 芯片处理的数据格式来分，可以分为定点 DSP 芯片和浮点 DSP 芯片，不同的浮点 DSP 芯片所采用的浮点格式不完全一样，有的 DSP 芯片采用自定义的浮点格式，有的 DSP 芯片则采用 IEEE 的标准浮点格式。

按 DSP 芯片的用途来分，可分为通用型 DSP 芯片和专用型的 DSP 芯片。通用型 DSP 芯片适合普通的 DSP 应用，如 TI 公司的一系列 DSP 芯片。专用型 DSP 芯片是为特定的 DSP 运算而设计，更适合特殊的运算，如数字滤波、卷积和 FFT 等。

2. 当前 DSP 芯片发展的主要特点

自 1980 年以来，DSP 芯片得到了突飞猛进的发展，DSP 芯片的应用越来越广泛。从运算速度来看，MAC（一次乘法和一次加法）时间已经从 20 世纪 80 年代初的 400ns（如 TMS32010）减小到 10ns 以下（如 TMS32C54x），处理能力提高了几十倍。DSP 芯片内部关键的硬件乘法器占模片区（Die area）从 1980 年的 40% 左右下降到 5% 以下，片内 RAM 增加一个数量级以上。从制造工艺来看，1980 年采用 NMOS 工艺，而现在则普遍采用亚微米 CMOS 工艺。DSP 芯片的引脚数量从 1980 年的最多 64 个增加到现在的 200 个以上，引脚数量的增加，意味着结构灵活性的增加。

随着 DSP 的时钟频率和处理速度越来越高，功能越来越强，芯片的功耗（CMOS 芯片的功耗主要取决于动态功耗）也急速加大。尽管各生产厂家几乎无一例外地采用 CMOS 工艺等技术来降低功耗，但对用于电池供电的便携式设备（如笔记本电脑、移动通信设备和 PDA 等）中的 DSP，迫切要求在提高性能的同时，进一步降低工作电压，减小功耗。为此，各 DSP 生产厂家陆续推出低电压（3.3V、2.7V、1.8V 等）DSP 芯片，多数的 DSP 芯片还设置了多种低功耗工作方式。

未来 10 年，全球 DSP 产品将向着高性能、低功耗、加强融合和拓展多种应用的趋势发展，DSP 芯片将越来越多地渗透到各种电子产品当中，成为各种电子产品尤其是通信类电子产品的技术核心，将会越来越受到业界的青睐。ADI 公司副总裁 Ben Naskar 指出："面对新世纪的网络产品、消费类电子产品以及无线通信等领域不断涌现的新应用，DSP 产品在不断地提高性能和增加功能的同时，正在不断地降低功耗、减小体积，以便适应市场的需求。"

随着 DSP 应用的日益广泛，DSP 已成为许多应用系统设计中不可缺少的组成部分，其结果使 DSP 厂商的投资集中于 DSP 体系结构的完善和支持软件的升级。例如，TI 为 TMS320 系列提供了 cxpressDSP 实时软件技术的支持，它包括 Code Composer Stu-dioV2.0（即 CCS2.0）集成开发环境、DSP / BIOS 实时软件内核、TMS320 算法标准以及业界最大的第三方网络提供的可重用的软件模块。

由于汇编语言是面向机器的，具体地说是面向芯片，即不同厂商的 DSP 有不同的汇编语言指令系统，使用汇编语言编写 DSP 应用软件是一件烦琐与困难的事。而且随着 DSP 寻址空间越来越大，减小了对程序目标代码容量的限制。因此，各公司陆续推出了高级语言编译器，主要是 C 语言编译器，它可以将 C 语言程序编译并优化处理成相应的 DSP 汇编程序或目标程序。对于 TI 的高性能 TMS320C6000 系列及 TMS320C2000 的新成员 C8X，用 C 语言编程效率非常高，代码优化可达 85%左右，缩短了软件开发周期，程序可移植性好。

为了缩短 DSP 应用系统开发周期，各 DSP 生产厂家为应用软件的开发准备了一些常用数字信号处理函数库与软件工具包，以及各种接口程序等，这些经过优化的子程序为用户提供了很大的方便，使得程序设计更加简单快捷。

对 DSP 芯片的发展，可以总结为 4 个字：多、快、好、省。

- 多——型号越来越多，集成的片内外设越来越多。
- 快——DSP 频率越来越高，速度越来越快。
- 好——性能价格比越来越高。
- 省——功耗相对越来越低。

3. DSP 的应用

随着 DSP 的高速发展，性能价格比的不断提高，使 DSP 成为当今和未来技术发展的新热点，使用范围日益扩大，几乎遍及电子技术的所有领域。DSP 的典型应用主要有如下几个方面。

- 数字信号处理：如滤波、FFT、相关、卷积、模式匹配、窗函数和波形产生等。
- 通信：如调制解调、扩频通信、纠错编码、传真、语音信箱、噪声对消和可视电话等。
- 语音处理：如语音编码、语音合成、识别、增强、语音存储及语音邮件等。
- 图形 / 图像处理：如三维图形变换处理、模式识别、图像压缩与传输、图像增强、动画、机器人视觉和电子地图等。
- 仪器仪表：如频谱分析、函数/波形发生、数据采集。
- 军事：如保密通信、全球定位、雷达与声纳信号处理、搜索与跟踪导航与制导等。

另外，DSP 在医疗和消费电子等许多领域都得到广泛应用，并且会随着 DSP 性价比的不断提高和开发工具的进一步完善扩展更多的应用领域。

4. DSP 芯片的选择

设计 DSP 应用系统时，其中首要且非常重要的一个环节就是选择 DSP 芯片。只有选定了 DSP 芯片才能进一步设计外围电路。DSP 芯片的选择应根据实际的应用系统需要而确定。一般来说，选择 DSP 芯片时考虑如下诸多因素。

- DSP 芯片的运算速度。运算速度是 DSP 芯片的一个最重要的性能指标，也是选择 DSP 芯片时所需要考虑的一个主要因素。DSP 芯片的运算速度主要由指令周期和 MIPS（即每秒执行百万条指令）来衡量。
- DSP 芯片的硬件资源及性价比。
- DSP 芯片的开发工具是否易学易用。

- 应用系统对功耗的要求。

其他的因素，如封装的形式、质量标准、生命周期等。

下面对功耗和运算速度两方面做较详细的介绍。如果应用系统对功耗要求很高时，要考虑以下几个方面。

- 选择低功耗 DSP 器件。

- 合理设计软件降低功耗。TI 的 TMS320 系列 DSP 有几种降功耗模式，使 IDLE 指令进入低功耗模式。

- 合适的 DSP 运行速度。TMS320 系列的 DSP 一般采用 CMOS 工艺，CMOS 电路的静态功耗极小，而 CMOS 电路的动态功耗的大小与该电路改变逻辑状态的频率和速度密切相关，当时钟频率增加时，电流也相应地增加。TMS320 系列应用系统的功耗与 DSP 的工作频率几乎成正比。在不需要 DSP 的全部运算能力时，可以适当地降低 TMS320 的系统时钟频率使 DSP 适速运行以降低系统功耗。

- 正确处理外围电路。应尽可能地选用低功耗的外围器件，如系统的显示部分应选用 LCD（液晶显示器）等。复杂的外围电路尽量采用单片的 CPLD 来完成。对 DSP 芯片中未使用的输入引脚应接地或接电源电压。若将这些引脚悬空，在引脚上很容易积累电荷，产生较大的感应电动势，使输入引脚电位处 0 与 1 间的过渡区域、内部门电路处于动态过程（即反相器上、下两个场效应管都处于导通状态），使系统功耗大大增加。

DSP 的运算速度的快慢是选择 DSP 芯片首先要考虑的问题。DSP 应用系统的运算量是确定 DSP 芯片的基础。DSP 对数据的处理一般有两种方法，下面介绍按照运算量来选择 DSP 芯片的简单方法。

（1）按样点处理

按样点处理就是 DSP 算法对每一个输入样点循环处理一次。例如，一个采用 LMS 算法的 256 抽头的自适应 FIR 滤波器，假定每个抽头的计算需要 3 个 MAC 周期，则 256 抽头计算需要 $256 \times 3 = 768$ 个 MAC 周期。如果采样频率为 8kHz，即样点之间的间隔为 125μs，若 DSP 芯片的 MAC 周期为 200ns，则 768 个周期需要 153.6μs 的时间，显然无法实时处理，需要选用速度更快的芯片。

（2）按帧处理

有些数字信号处理算法不是对每个输入样点进行处理，而是在一定的时间间隔（记为 $\Delta \tau \text{ns}$）对多个数据（通常也称为帧）循环处理一次。所以选择 DSP 芯片应该比较一帧内 DSP 芯片的处理能力和 DSP 算法的运算量。假设所选 DSP 芯片的指令周期为 T（ns），则该 DSP 芯片在一帧内最多能运行 $\Delta \tau / T$ 条指令。

1.2.2 DSP 芯片的结构特征

为了实现快速的数字信号处理，DSP 芯片一般都采用特殊的软硬件结构。下面以公司的 TMS320 系列为例介绍 DSP 芯片的基本结构。

TMS320 系列 DSP 主要采取了哈佛结构、流水线技术、硬件乘法器和特殊 DSP 指令等。以下对这些特点分别介绍。

1. 哈佛结构

早期的微处理器内部大都采用冯·诺伊曼（Von Neuman）结构，其特点是数据和程序共用总线和存储空间，因此在某一时刻，只能读写程序或只能读写数据。哈佛结构是不同于传统的冯·诺伊曼结构的并行体系结构，其主要特点是将程序和数据存储在不同的存储器空间，对程序和数据独立编址，独立访问。而且在 DSP 中设置了数据和程序两套总线，使得取指令和执行能完全重叠运行，提高数据吞吐量。为了进一步提高速度和灵活性，TMS320 系列产品中，在哈佛结构上做了改进：一是允许程序存储在高速缓存（Cache）中，提高指令读取速度；二是允许数据存放在程序存储器中，并被算术运算指令直接使用，增强芯片的灵活性。另外，DSP 中的双口 RAM（DARAM）及独立读写总线使数据存取速度提高。

2. 流水线技术

DSP 芯片广泛采用流水线技术，增强了处理器的处理能力。TMS320 系列流水线深度为 2～6 级不等，也就是说，处理器在一个时钟周期可并行处理 2～6 条指令，每条指令处于流水线的不同阶段。图 1.2 所示为四级流水线操作的例子。在四级流水线操作中，取指令、指令译码和执行可以独立地处理，这样 DSP 可以同时处理多条指令，只是每条指令处于不同的处理阶段。例如，在取第 N 条指令时，前一条指令（即第 $N-1$ 条）处于译码阶段，而第 $N-2$ 条指令则在执行阶段。

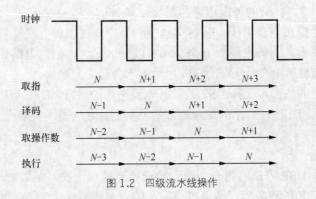

图 1.2　四级流水线操作

3. 硬件乘法器

在数字信号处理的许多算法中（如 FFT 和 FIR 等），需要做大量的乘法和加法。显然，乘法速度越块，数据处理能力就越强。在通用的微处理器中，有些根本没有乘法指令，有乘法指令的处理器，其乘法指令的执行时间也较长。相比而言，DSP 芯片一般都有一个硬件乘法器，在 TMS320 系列中，一次乘累加最少可在一个时钟周期完成。

4. 特殊 DSP 指令

DSP 芯片的另外一个特点就是采用了特殊的寻址方式和指令。例如，TMS320 系列的位反转寻址方式，ITD、MPY、RPTK 等特殊指令。采用这些适合于数字信号处理的寻址方式和指令，进一步减小了数字信号处理的时间。

另外，由于 DSP 的时钟频率提高，执行周期的缩短，加上以上一些 DSP 结构特征使得 DSP 实现实时数字信号处理成为可能。

1.3　DSP 控制器的基本原理

无论是微处理器、单片机还是 DSP 控制器，它们的工作原理是基本一致的。要做的工作不外乎都是从存储器、I/O 接口等地方取数，按某种规律运算，再把结果放到存储器、I/O 接口等地方。因此，在其工作过程中数据流与地址流占"统治"地位。为了实现数据流、地址流有序的管理和控制，采用数据总线和地址总线是一种最佳的结构方式。数据总线和地址总线就像两条高速公路，数据信息与地址信息分别在其上快速地流动。中央处理单元（CPU）、程序存储器、数据存储器和内部外设等功能模块分别挂接在数据总线和地址总线上。中央处理单元是控制中心，由它指挥当前时刻谁可以占用数据总线或地址总线，同时它还可以进行有关的运算；程序存储器是物理芯片与人的交接面，由人编写程序指令并写入到程序存储器中，体现了人的意志，中央处理单元只能根据程序的流程进行指挥不能随意发挥；数据存储器用于记录工作过程中的原始数据、中间结果和最后结论；内部外设是集成在芯片内部的与外部世界进行信息交换的功能模块，一般包含 I/O、A/D、串行通信等。另外，数据总线和地址总线一般情况下都延伸到芯片外部（到引脚上）。图 1.3 说明了上述情况。

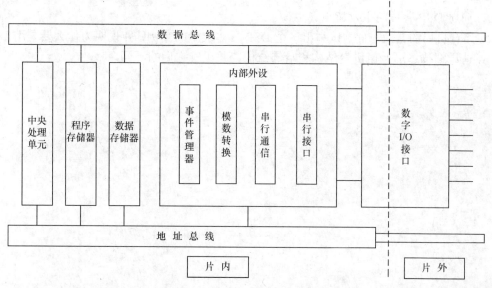

图 1.3 DSP 控制器的基本原理

一般的微处理器的数据总线和地址总线是单总线方式，相当于一辆车在只有一条道的高速公路上跑，这辆车分时地为大家服务。DSP 控制器与此不同，采用多总线方式，相当于多条道的高速公路，这样一来，多辆车可以同时在其上行驶，极大地加快了运行速度。这实质是一种并行机制。

数据和地址是贯穿任何一种微处理器设计、编程的两个基本概念，特别是地址，它就是数据源、专用寄存器、I/O 的代表。每一个存储器、寄存器都有地址，这个容易为大家接受。对于可编程的功能模块（片内的或片外的）它也有地址，准确地说，对可编程的功能模块的操作，实际上是对它的寄存器（控制的数据等）进行操作，这些寄存器必须有唯一地址，否则会引起工作混乱。对于片内外设的功能模块各寄存器的地址是由芯片厂家确定的，应仔细查看手册，不可更改。片外设功能模块各寄存器的地址与所连接的外部地址总线有关，这是设计者一个重要的设计任务，即给每个功能模块分配地址，一旦完成设计，印制电路也就被固定了下来。

当设计者明确了存储器地址空间、I/O 地址空间、片内或片外设功能模块各寄存器的地址后，程序设计的工作就有了一个明晰的轮廓，剩下的任务就是如何组织数据，采用什么控制律或算法，以何种流程来实现。

DSP 控制器在工作时要注意如下问题。

- 加电后，中央处理单元自动从复位地址（0000H）取出首条指令。
- 指令处理周期分为取指令、指令译码、取操作数、执行指令 4 个阶段。
- 一条指令执行完后，顺序处理下一条指令，除非遇到分文指令或中断响应。
- 数据的地址由指令的寻址方式和相应的操作数确定。
- 对外部世界的访问有两种方式：通过 I/O 端口或者特定的映射寄存器，前者使用 I/O 传送指令，后者使用存储器传送指令。

思 考 题

1. 简述 DSP 芯片的主要特点。
2. 结合自己的专业方向，试举出一个 DSP 具体应用的实例，并说明为什么要采用 DSP。
3. 请详细描述冯·诺伊曼结构和哈佛结构，并比较它们的不同。

DSP 控制器是一款高性能的单片机。DSP 控制器的总体结构有许多独特的地方：一是采用多组总线结构实现并行处理机制，允许 CPU 同时进行程序指令和存储数据的访问；二是采用独立的累加器和乘法器，使得复杂的乘法运算能快速进行；三是累加器和乘法器分别连接了比例移位器，使得许多复杂运算或者运算后的定标能在一条指令中完成；四是有丰富的寻址方式，可方便灵活地编程；五是有完善的片内外设，可以构成完整的单片系统。本章主要介绍 DSP 控制器的总体结构，包括总线结构、中央处理单元、存储器与 I/O 空间以及系统的复位等。图 2.1 所示是 DSP 控制器的总体结构图。

2.1 总线结构

目前，在控制领域使用的各种微处理器芯片（各类 CPU、单片机等）的基本任务，就是从某个地方（内、外部存储器或外部接口）取得数据，经过算术或逻辑运算，然后放到相应的地方上。为了区别不同的数据源，需要给其赋予一个独立的地址。数据和地址是任何微处理器都要面对的两个基本要素。因此，在微处理器芯片中采用基于数据 / 地址总线的结构是最佳的选择。在总线上可以挂接中央算术逻辑单元（CALU）、存储器、定时器等功能模块。通过地址总线和某些控制信号线（与指令密切相关），使得在某一时刻仅仅让某个数据源占用数据总线。这样一来，在地址总线和控制总线的共同作用下，使得数据总线的数据得以有序的"流动"。

总线结构是计算机体系结构中最基本的结构，它提供了一种标推的接口方式。功能模块之间的信息交换，都可解释为"在什么地址存放数据"或"从什么地址取回数据"。数据与地址成为密不可分的一对伙伴。具备数据与地址接口方式的功能模块都可以挂接到数据/地址总线上。数据 / 地址总线是双向的，为了保证数据通畅流动，要在中央处理单元统一"指挥"下按"节拍"进行工作。

总线结构是各种微处理器芯片的总干道，它的性能（响应速度、位宽、负载能力等）在很大程度上决定了微处理器芯片的性能。为了提高处理速度，一方面可以通过新的工艺使得微处理器芯片能够采用更高频串的晶振以加快响应的速度；另一方面可以加宽数据总线（32 位或 64 位）以增加高精度复杂运算的指令。除此之外，加快处理速度的最佳方案是采用并行机制。一般情况下，总线的操作时序分为 4 个独立的阶段：取指令、指令译码、取操作数和执行指令。这 4 个阶段分别面向程序读、数据读和数据写。如果将数据 / 地址总线分开为 3

组数据 / 地址总线，分别对应程序读、数据读和数据写 3 种情况，这样一来就可以使总线操作时序的 4 个独立阶段并行处理，从而极大地加快微处理器芯片的处理速度。可以形象地理解，单总线方式就像是一辆车在只有一条道的高速公路上跑，而多组总线方式就像是多辆车在多条道的高速公路上跑。后者的运行速度和效率肯定要超过前者。

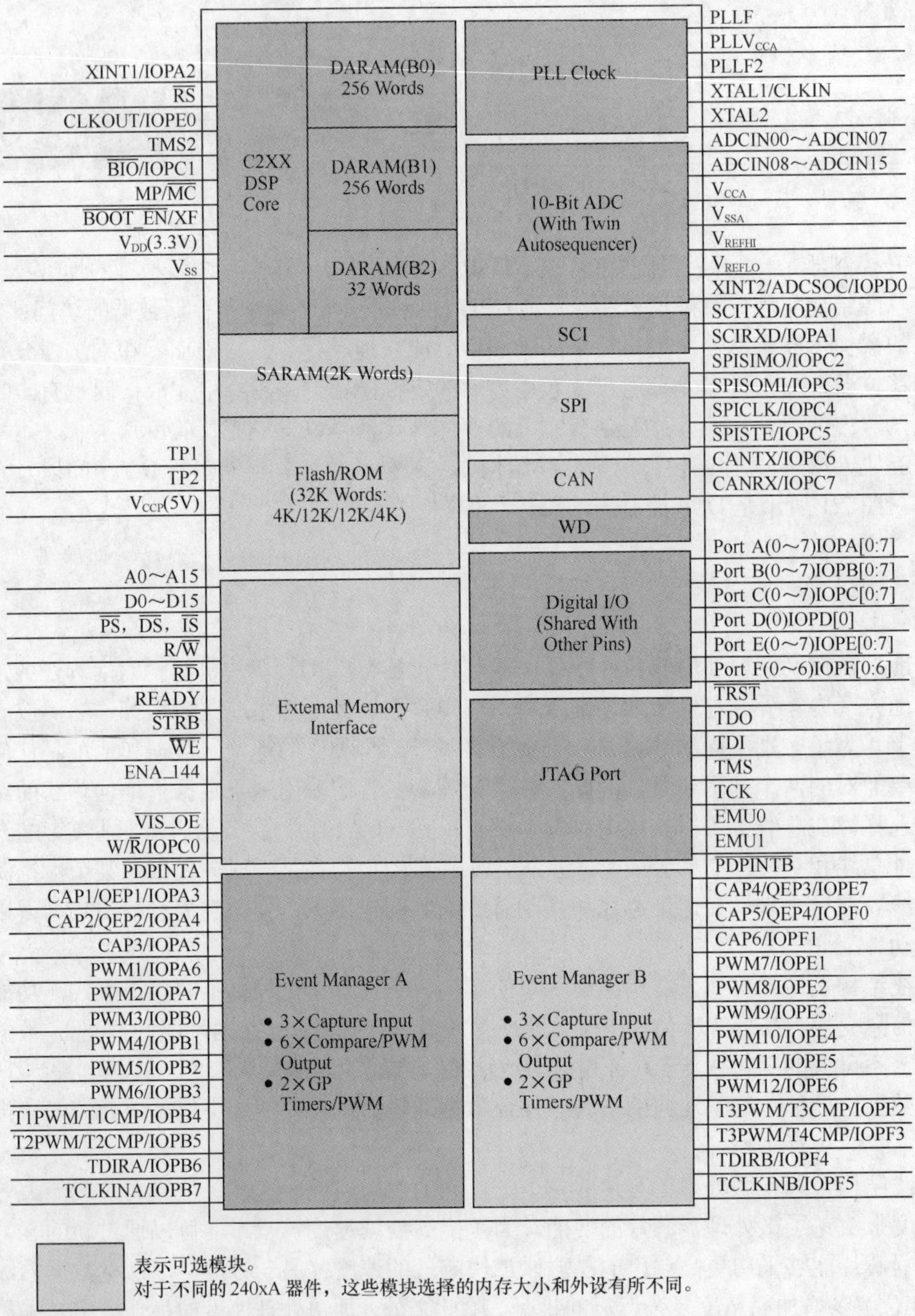

左侧引脚：
- XINT1/IOPA2
- $\overline{RS}$
- CLKOUT/IOPE0
- TMS2
- $\overline{BIO}$/IOPC1
- MP/$\overline{MC}$
- $\overline{BOOT\_EN}$/XF
- V_{DD}(3.3V)
- V_{SS}
- TP1
- TP2
- V_{CCP}(5V)
- A0~A15
- D0~D15
- $\overline{PS}$, $\overline{DS}$, $\overline{IS}$
- R/$\overline{W}$
- $\overline{RD}$
- READY
- $\overline{STRB}$
- $\overline{WE}$
- ENA_144
- $\overline{VIS\_OE}$
- W/$\overline{R}$/IOPC0
- PDPINTA
- CAP1/QEP1/IOPA3
- CAP2/QEP2/IOPA4
- CAP3/IOPA5
- PWM1/IOPA6
- PWM2/IOPA7
- PWM3/IOPB0
- PWM4/IOPB1
- PWM5/IOPB2
- PWM6/IOPB3
- T1PWM/T1CMP/IOPB4
- T2PWM/T2CMP/IOPB5
- TDIRA/IOPB6
- TCLKINA/IOPB7

中间模块：
- C2XX DSP Core
- DARAM(B0) 256 Words
- DARAM(B1) 256 Words
- DARAM(B2) 32 Words
- SARAM(2K Words)
- Flash/ROM (32K Words: 4K/12K/12K/4K)
- External Memory Interface
- Event Manager A
  - 3×Capture Input
  - 6×Compare/PWM Output
  - 2×GP Timers/PWM
- PLL Clock
- 10-Bit ADC (With Twin Autosequencer)
- SCI
- SPI
- CAN
- WD
- Digital I/O (Shared With Other Pins)
- JTAG Port
- Event Manager B
  - 3×Capture Input
  - 6×Compare/PWM Output
  - 2×GP Timers/PWM

右侧引脚：
- PLLF
- PLLV$_{CCA}$
- PLLF2
- XTAL1/CLKIN
- XTAL2
- ADCIN00~ADCIN07
- ADCIN08~ADCIN15
- V_{CCA}
- V_{SSA}
- V_{REFHI}
- V_{REFLO}
- XINT2/ADCSOC/IOPD0
- SCITXD/IOPA0
- SCIRXD/IOPA1
- SPISIMO/IOPC2
- SPISOMI/IOPC3
- SPICLK/IOPC4
- SPISTE/IOPC5
- CANTX/IOPC6
- CANRX/IOPC7
- Port A(0~7)IOPA[0:7]
- Port B(0~7)IOPB[0:7]
- Port C(0~7)IOPC[0:7]
- Port D(0)IOPD[0]
- Port E(0~7)IOPE[0:7]
- Port F(0~6)IOPF[0:6]
- TRST
- TDO
- TDI
- TMS
- TCK
- EMU0
- EMU1
- PDPINTB
- CAP4/QEP3/IOPE7
- CAP5/QEP4/IOPF0
- CAP6/IOPF1
- PWM7/IOPE1
- PWM8/IOPE2
- PWM9/IOPE3
- PWM10/IOPE4
- PWM11/IOPE5
- PWM12/IOPE6
- T3PWM/T3CMP/IOPF2
- T3PWM/T4CMP/IOPF3
- TDIRB/IOPF4
- TCLKINB/IOPF5

表示可选模块。
对于不同的 240xA 器件，这些模块选择的内存大小和外设有所不同。

图 2.1 DSP 控制器的总体结构图

DSP 控制器就是采用了多组总线的结构，图 2.2 所示是 DSP 控制器的总线结构图。其中内部地址总线分为 3 条总线：

- 程序读地址总线（PAB），提供读程序的地址；
- 数据读地址总线（DRAB），提供读数据存储器的地址；
- 数据写地址总线（DWAB），提供写数据存储器的地址。

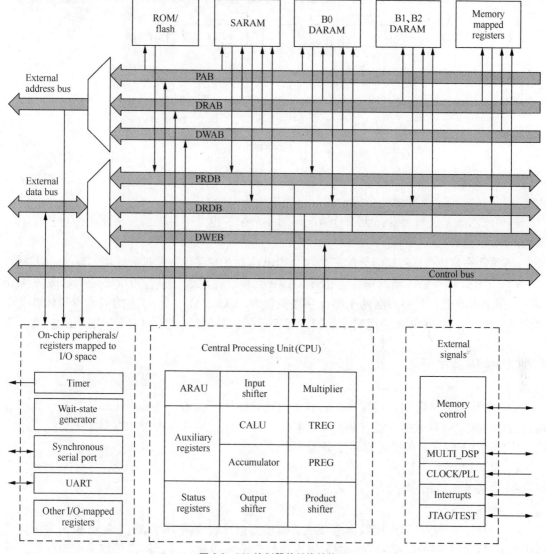

图 2.2　DSP 控制器的总线结构图

内部数据总线也对应分为 3 条总线：

- 程序读数据总线（PRDB），将指令代码中的立即数以及表信息传送到 CPU；
- 数据读数据总线（PRDB），将数据存储器的数据传送到 CPU；
- 数据写数据总线（DWDB），将处理后的数据传送到数据存储器和程序存储器。

外部数据／地址总线仍为单一形式，这使得众多的外围芯片可与其兼容。

每条指令的执行过程可以分为 4 个阶段：取指令（P）、指令译码（T）、取操作数（D）

和执行指令（E）。由于 DSP 控制器采用了多组总线的结构，这将允许 CPU 同时进行程序指令和存储数据的访问，因而在其内部可以实现四级逻辑流水线，如图 2.3 所示。在某一时刻，第一条流水线上在做取指令操作时，第二条流水线可同时进行上一条指令的指令译码的操作，第三条流水线可同时进行再上一条指令的取操作数的操作，第四条流水线可同时进行再上一条指令的执行指令的操作。由于这 4 种操作在同一时刻分别使用内部的 6 条总线，因此不会发生冲突，就像多辆车在多条道的高速公路上行驶一样，从而实现了一种并行处理的机制。

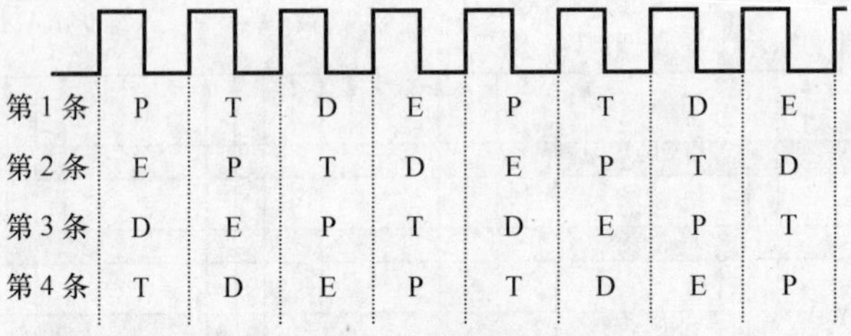

第1条	P	T	D	E	P	T	D	E
第2条	E	P	T	D	E	P	T	D
第3条	D	E	P	T	D	E	P	T
第4条	T	D	E	P	T	D	E	P

图 2.3　四级逻辑流水线

这种并行机制可使得 4 条指令同时在一个周期内处于激活状态，而在任一周期都有执行指令（E）的操作，就好像一个周期就可以完成一条指令。

四级流水线是逻辑上的，大部分情况下对用户来说也是不可见的。在下面两种情况下，四级流水线会暂停。

- 紧跟在修改全局存储器分配寄存器（GREG）后的单字单周期指令使用先前的全局映射。
- NORM 指令修改辅助寄存器指针（ARP），而且在流水线执行阶段要使用修改后 ARP 指出的那个寄存器，如果后面两个指令字在执行 NORM 前会改变 ARP 的值或者是辅助寄存器的值，这就会使 NORM 使用错误的辅助寄存器值，并使后续指令使用错误的 ARP 值。

2.2　中央处理单元

中央处理单元（CPU）是挂接在总线上的核心模块，它的任务是从程序读数据总线或数据读数据总线上获取数据，经过加、乘、移位等算术逻辑运算，再经数据写数据总线将结果送出，如图 2.4 所示。中央处理单元分为 3 个部分：

- 输入比例部分；
- 中央算术逻辑部分；
- 乘法部分。

输入比例部分是将程序读数据总线或数据读数据总线上的 16 位数据与 32 位的中央算术逻辑单元（CALU）的数据对齐；中央算术逻辑部分完成加、减、移位等算术逻辑运算；乘法部分实现 16×16 的乘法运算。下面分别加以介绍。

2.2.1　输入比例部分

由于程序读数据总线或数据读数据总线是 16 位，而中央算术逻辑中元是 32 位。为了使程序读数据总线或数据读数据总线上的数据能正确地参与到中央算术逻辑单元中运算，需要对程序读数据总线或数据读数据总线上的数据进行移位以及扩展，以便与 32 位中央算术逻辑单元中的数据对齐。输入移位器进行的操作不需要 CPU 时钟开销。

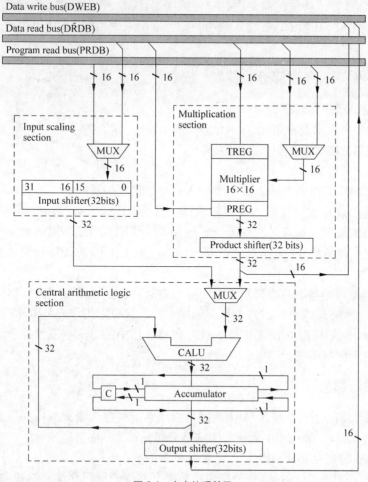

图 2.4　中央处理单元

　　16 位的程序读数据总线或数据读数据总线上的数据信号通过多路转换器接至 32 位的输入移位器的输入端，程序读数据总线上的数据是指令操作数给出的常数值（立即寻址），数据读数据总线上的数据是指令操作所需引用的数据存储单元中的数值（直接寻址、间接寻址），如图 2.4 所示。

　　输入移位器可将输入值左移 0～16 位，移位次数可由以下两种来源获得。

　　● 指令字中的常数。把移位次数放在指令字中，允许用户为程序代码使用特定的数据比例（左移 1 次相当于乘 2）。

　　● 临时寄存器（TREG）的低 4 位。根据 TREG 的值移位，允许动态调整数据的比例系数，从而适应不同的系统性能。

　　另外，输入移位器也可以进行符号扩展。在微处理器中常常需要进行有符号数的运算。有符号数常以二进制补码来表示。因此，对于 16 位的有符号数送入到 32 位中央算术逻辑单元时，需要进行符号扩展。DSP 控制器中状态寄存器 ST1 的第 10 位是符号扩展模式位（SXM）。若 SXM＝0，则不进行符号扩展；若 SXM＝1，则进行符号扩展。

　　● 当 SXM＝0 时，输入移位器对输入值左移后，其低端中未使用的 LSB 填 0，高端未使用的 MSB 填 0。

● 当 SXM＝1 时，移位时需要进行符号扩展。若输入值为正数，高端未使用的 MSB 填 0，低端中未使用的 LSB 填 0；若输入值为负数，高端未使用的 MSB 填 1，而低端中未使用的 LSB 仍填 0。

2.2.2　中央算术逻辑部分

中央算术逻辑部分含有：

● 32 位的中央算术逻辑单元（CALU）；
● 32 位的累加器（ACC）；
● 32 位输出移位器。

中央算术逻辑单元有两个输入：一个输入总是来自累加器（所有的加减法指令都隐含累加器作为一个操作数）；另一个输入来自输入移位器的输出或者乘积移位器的输出。中央算术逻辑单元可实现加减算术运算、与或等逻辑运算和位测试等功能；累加器接收中央算术逻辑单元的输出，可与进位位（C）一起进行移位操作，ACCH 和 ACCL 分别是累加器的高位字和低位字。

输出移位器把累加器的内容拷贝过来，并可对其高位字或低位字进行移位操作，然后送到 16 位的数据写数据总线上，进入数据存储器。输出移位器可以左移 0～7 位，移位时高位丢失，低位补 0。然后经指令 SACH 或 SACL 将移位器中的高位字或低位字保存到数据存储器，累加器的内容保持不变。

2.2.3　乘法部分

DSP 控制器含有一个 16 位×16 位的硬件乘法器，可在一个周期内完成有符号或无符号数乘法，乘积为 32 位。如图 2.4 所示，乘法部分包括：

● 16 位的临时寄存器（TREG），它含有一个乘数；
● 乘法器，它把临时寄存器的值与来自数据存储器或程序存储器的被乘数相乘；
● 32 位的乘积寄存器（PREG），它接收相乘运算的结果；
● 乘积移位器，使乘积寄存器的值在送到中央算术逻辑单元或数据存储器前进行移位定标。

乘法器接收两个 16 位的输入：一个输入（乘数）总是来自临时寄存器 TREG，在乘法之前把数据读数据总线的值加载到临时寄存器；另一个输入（被乘数）来自数据存储器或程序存储器。

乘积移位器可进行 4 种形式的移位，由状态寄存器 ST1 中的乘积移位模式位（PM）确定，如表 2.1 所示。乘积移位器可把乘积结果送到中央算术逻辑单元或者经指令 SPH（SPL）将乘积移位器的高位字（低位字）送到数据存储器。

表 2.1　　　　　　　　　　　　　　　　乘积移位器中乘积移位模式

PM	移位方向与次数	说　　明
00	无移位	32 位经过乘积定标移位器不移位送到 CALU 或数据总线
01	左移 1 位	移去补码乘法运算产生的 1 个附加符号，调整为 Q31 乘积
10	左移 4 位	当与 13 位的常数相乘时，移去在 16x13 位补码乘法中产生的 4 个附加符号，调整为 Q31 乘积
11	右移 6 位	对 16×16 位乘法结果一次定标，保证最多 128 次 32 位乘积的累加不会溢出，无论 SXM 为何值，右移总是算术右移，即进行符号扩展

2.3 辅助寄存器算术单元

中央处理单元（CPU）还有一个与中央算术逻辑单元（CALU）无关的辅助寄存器算术单元（ARAU）。它的主要功能是与中央算术逻辑单元中进行的操作并行地实现对 8 个辅助寄存器（AR0～AR7）的算术运算，如图 2.5 所示。

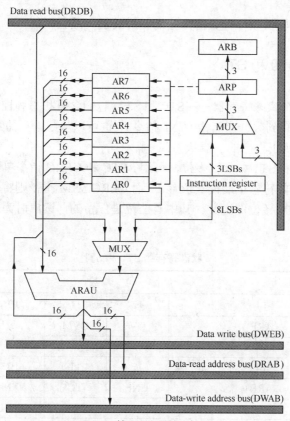

图 2.5 辅助寄存器算术单元

DSP 控制器的指令系统提供了丰富、灵活、有效的间接寻址方式的指令。这些间接寻址方式由 8 个辅助寄存器（AR0～AR7）来实现。当前时刻由哪个辅助寄存器进行间接寻址取决于状态寄存器 ST0 中的辅助寄存器指针（ARP），利用 MAE、LST 指令可以修改辅助寄存器指针的值。辅助寄存器指针所指出的寄存器称为当前辅助寄存器或当前 AR。在处理一条间接寻址的指令时，当前辅助寄存器的内容用作访问数据存储器的地址。如果指令需要从数据存储器读出，辅助寄存器算术单元（ARAU）就把这个地址送到数据读地址总线（DRAB）。如果指令要向数据存储器写入，则将地址送到数据写地址总线（DWAB）。

辅助寄存器算术单元（ARAU）完成以下运算：

- 将辅助寄存器的内容增、减 1，或者增、减一个变址量（取决于间接寻址的指令）；
- 使辅助寄存器的内容增、减一常数（ADRK、SBRK 指令），该常数值是指令的低 8 位；
- 把 AR0 的内容与当前 AR 的内容进行比较（CMPR 指令），并把结果经数据写数据总线（DWDB）放入到状态寄存器 ST1 的测试／控制位（TC）。

通常，辅助寄存器算术单元在流水线的译码阶段进行它的算术运算。这就能在下条指令译码之前产生地址。有一个例外情况，就是在处理 NORM 指令时，在流水线的执行阶段修改辅助寄存器或辅助寄存器指针。

除进行间接寻址外，辅助寄存器还有其他用途。例如：

- 通过 CMPR 指令，使辅助寄存器支持条件分支、调用和返回；
- 用辅助寄存器作暂存单元，利用 LAR 指令将数值加载到该寄存器，再用 SAR 指令把 AR 值保存到数据存储器；
- 利用辅助寄存器做软件计数器，按需要对其加、减。

2.4 状态寄存器 ST0 和 ST1

DSP 控制器有两个状态寄存器——ST0 和 ST1，它们含有状态和控制位。状态寄存器 ST0 和 ST1 的内容可以保存到数据存储器（SST 指令），也可以从数据存储器中加载（LST 指令）。因此，可以保存和恢复于程序的机器状态。

状态寄存器 ST0 和 ST1 中有很多位，可用 SETC 和 CLRC 指令单独置 1 和清零。例如，利用 SETC SXM 指令将符号扩展模式位置 1，而 CLRC SXM 指令则将其清零。表 2.2 示出了状态寄存器 ST0 和 ST1 各位的定义。其中有些位是保留的，读出时为逻辑 1。表 2.3 所示是各位的详细说明。

表 2.2　　　　状态寄存器 ST0 和 ST1

寄存器	位　　数							
	15	14	13	12	11	10	9	8~0
ST0	ARP			OV	OVM	1	INTM	DP
	RW-x			RW-0	RW-x		RW-1	RW-x
	15	14	13	12	11	10	9	8
ST1	ARB			CNF	TC	SXM	C	1
	RW-x			RW-0	RW-x	RW-1	RW-1	
	7	6	5	4	3	2	1	0
				XF			PM	
	1	1	1	RW-1	1	1	RW-0	

注：R——可读；W——可写；x——复位时为任意值；0——复位时为 0；1——复位时为 1（以下同）。

表 2.3　　　　状态寄存器 ST0 和 ST1 各位的定义与说明

名称	说　　明
ARP	辅助寄存器指针。该指针用于选择间接寻址中使用的辅助寄存器 AR，可用 LST、MAR 指令修改它的值
ARB	辅助寄存器指针缓存器。除 LST 指令外，每当加载 ARP 时，ARP 原来的值就拷贝到 ARB 中，当用 LST 加载 ARB 时，同样的值也拷贝到 ARP 中
C	进位位。如果相加结果产生进位，该位置 1，否则清零；如果减法结果产生借位，该位清零，否则置 1。但是移位 16 位的 ADD 和 SUB 指令除外，这时 ADD 指令只在进位时使 C 置 1，SUB 只在借位时使 C 清零，否则不影响 C，复位时 C 为 1

名称	说　明
CNF	DARAM 配置位。该位决定可重新配置的双口 RAM 块映射到数据空间还是程序空间，CNF 为 0，则配置到数据空间，CNF 为 1 则配置到程序空间，SETC CNF、CLRC CNF、LSP 指令可以修改 CNF，复位时 CNF 为 0
DP	数据页面指针
INTM	中断总屏蔽位，INTM 为 0 允许没有屏蔽的中断使能，INTM 为 1 则禁止所有可屏蔽中断，LST 指令不影响 INTM，该位对非屏蔽中断 RS、NMI 和软件中断不起作用
OV	溢出标志，进行补码运算时，数据超出范围将发生溢出，该位置 1，复位或 LST、（无）溢出条件分支指令将使该位清零
OVM	溢出模式位，OVM 为 0，不对溢出结果进行调整；OVM 为 1，对溢出结果进行调整，正溢出时累加器的结果调整为 7FFF FFFFH，负溢出时累加器结果调整为 8000 0000H
PM	乘积移位模式，PM 决定乘积结果在送出前怎样进行移位 　PM=00　不移位 　PM=01　左移 1 位，低位填 0 　PM=10　左移 4 位，低位填 0 　PM=11　左移 6 位，进行符号扩展 复位时 PM 清零，SPM、LST 指令可以修改 PM
SXM	符号扩展模式位，SXM 为 0 不进行符号扩展；SXM 为 1 进行符号扩展
TC	测试/控制标志位。如果 BIT 或 BITT 测试结果为 1、CMPB 测试当前 AR 和 AR0 的比较条件成立，NOMR 测试累加器最高 2 位异或结果为 1，将使 TC 置 1
XF	XF 引脚状态位，复位时该位为 1，SET XF、CLR XF、LST 指令都可以修改 XF

2.5　存储器与 I/O 空间

　　存储器结构有两大类：冯·诺曼结构（Von Nenmann）和哈佛结构（Harvard）。前者将程序与数据合用一个存储空间，通过地址分段来存放程序与数据，像 Intel8086 系列。后者将程序存储空间与数据存储空间分离开来，二者是不同的物理存储器，可以拥有相同的地址，通过不同的控制线（读、写、片选等信号）来对它们进行访问，像 Intel 805l 系列。一般情况下，控制系统需要的程序存储容量较大而数据存储容量较小。这样一来，采用哈佛结构就可以单独将小容量的数据存储器以高速的 RAM 形式实现并集成到芯片内，以加快数据处理的速度。目前，大部分单片机和 DSP 控制器都采用哈佛结构。

　　I/O 端口与存储器一样，都可看作为数据源，从逻辑上讲二者没有本质的差异。有的微处理器芯片，其存储空间与 I/O 空间是相互分离的，可以拥有相同的地址，它们的访问通过控制线来区分（对应不同类型的指令），像 Intel 8086 系列；有的微处理器芯片，其存储空间与 I/O 空间是同一个地址空间，也就是把 I/O 空间映射到存储空间，二者通过地址来区分，这样一来对存储器和 I/O 端口的访问使用同类型的指令，像 Intel 8051 系列。

　　DSP 控制器采用独立的程序存储器、数据存储器和 I/O 空间，即它们可以有相同的地址，而它们的访问通过控制线来区分。除此之外，数据存储器还分为局部数据存储器和全局数据存储器，这二者也可共用相同的地址空间，它们的访问除了通过不同的控制线来区分以外，还受全局存储器分配寄存器（GREG）的控制。

DSP 控制器使用 16 位的地址总线，可访问的 4 种独立的选择空间如下（共 224K 字）：

- 64K 字程序存储器空间，包含要执行的指令及程序执行时使用的数据；
- 64K 字局部数据存储器空间，保存指令使用的数据；
- 64K 字的 I/O 空间，用于外设接口，包括一些片内外设的寄存器；
- 32K 字全局数据存储器空间，保存与其他处理器共用的数据，或者作为一个附加的数据空间。局部数据空间中的高 32K 字地址（8000h～FFFFh）可用作全局数据空间。局部数据存储器与全局数据存储器可以是两个不同的物理存储器，通过修改全局存储器分配寄存器（GREG）的内容来控制当前使用何种数据存储器。但全局数据寄存器的最大空间是 32K 字（8000h～FFFFh）。

2.5.1　与外部存储器和 I/O 空间接口的信号

由于 DSP 控制器 4 种独立选择空间都占用相同的 16 位的地址空间，因此对它们的访问必须通过控制线来区分。表 2.4 描述了与外部存储器和 I/O 空间接口的信号，这些信号主要有以下几种。

表 2.4　　　　　　　　　　外部存储器和 I/O 接口信号功能描述

信号脚	外脚号	信号描述
A（0：15）		外部 16 位单向地址总线
D（0：15）		外部 16 位双向地址总线
$\overline{PS}$	84	程序空间选通，$\overline{IS}$、$\overline{DS}$、和 $\overline{PS}$ 总保持为高电平，除非请求访问相关的外部程序存储空间，在复位、掉电和 EMU1 低电平时，这些引脚为高组态
$\overline{DS}$	87	数据空间选通，$\overline{IS}$、$\overline{DS}$、和 $\overline{PS}$ 总保持为高电平，除非请求访问相关的外部数据存储空间，在复位、掉电和 EMU1 低电平时，这些引脚为高组态
$\overline{IS}$	82	I/O 空间选通，$\overline{IS}$、$\overline{DS}$、和 $\overline{PS}$ 总保持为高电平，除非请求访问相关的 I/O 空间，在复位、掉电和 EMU1 低电平时，这些引脚为高组态
$\overline{STRB}$	96	外部存储空间选通，该引脚一直为高电平，除非插入一个低电平来表示一个外部总线周期，在访问外部总线时该信号有效，当 EMU1/OFF 低电平和掉电时，该引脚被置为高组态
$\overline{WE}$	89	写选通，该信号下降沿表示控制器驱动外部数据线（D15～D0），它对所用外部程序、数据和 I/O 写有效；当 EMU1 低电平有效时，该引脚被置为高组态
R/$\overline{W}$	92	读/写选通信号，它表明了与外围器件通信期间信号的传递方向，通常情况下为读方式（高电平）除非低电平请求执行写操作，当 EMU1 低电平和掉电时，该引脚为高组态
W/$\overline{R}$	19	写/读选通或通用 I/O，这是一个对"0"状态存储器接口有用的反向传输读/写信号，通常情况下为低电平，除非在执行存储器写操作
MP/$\overline{MC}$	118	微处理器/微控制器选择
$\overline{VIS\_OE}$	97	可视输出使能（当数据总线输出时有效），在可视输出方式下，在外部数据总线驱动为输出的任何时候该引脚有效（为高电平），当运行在可视方式下该引脚可用作外部编码逻辑以防止数据总线冲突
ENA_144	122	高电平有效时使能外部接口信号，若为低电平，则 LF2407 与 2406、2402 控制器一样，也就是说没有外部存储器，如果 $\overline{DS}$ 为低，则产生一个无效地址，该引脚内部下拉

信号脚	外脚号	信号描述
READY	120	访问外部设备时，READY 被控低来增加等待状态，它表示一个外部器件为将要完成的总线处理做好准备，若该外设为准备好，则将 READY 拉为低电平（此时，处理器将等待一个周期，并且再次检测 READY），注意，若要处理器执行 READY 检测，程序至少要设定一个软件等待检测，为了满足外部 READY 时序要求，等待状态发生控制器（WSGR）至少设定一个等待状态

- 外部数据/地址总线，D0～D15 是数据总线，A0～A15 是地址总线。
- 片选信号线，外部器件利用这些信号来区分是内部访问还是外部访问，是访问程序存储空间、局部数据空间、全局数据空间还是 I/O 空间。
- 读/写信号，这些信号向外部器件指出数据传送的方向。
- 请求/控制信号，通过这些信号可实现一些特殊操作。例如，存储器直接访问方式的实现。

2.5.2 程序存储器

程序存储器的配置如图 2.6 所示。DSP 控制器可以使用片内程序存储器，也可以使用片外程序存储器，由引脚 MP / $\overline{\text{MC}}$ 决定。当 MP / $\overline{\text{MC}}$ =0 时，使用片内程序存储器；当 MP / $\overline{\text{MC}}$ =1 时，使用片外程序存储器。一般情况下，片内程序存储器的访问速度比片外程序存储器速度快，而且比片外程序存储器功耗低。采用片外程序存储器操作的优点是可访问更大的地址空间（64KB）。

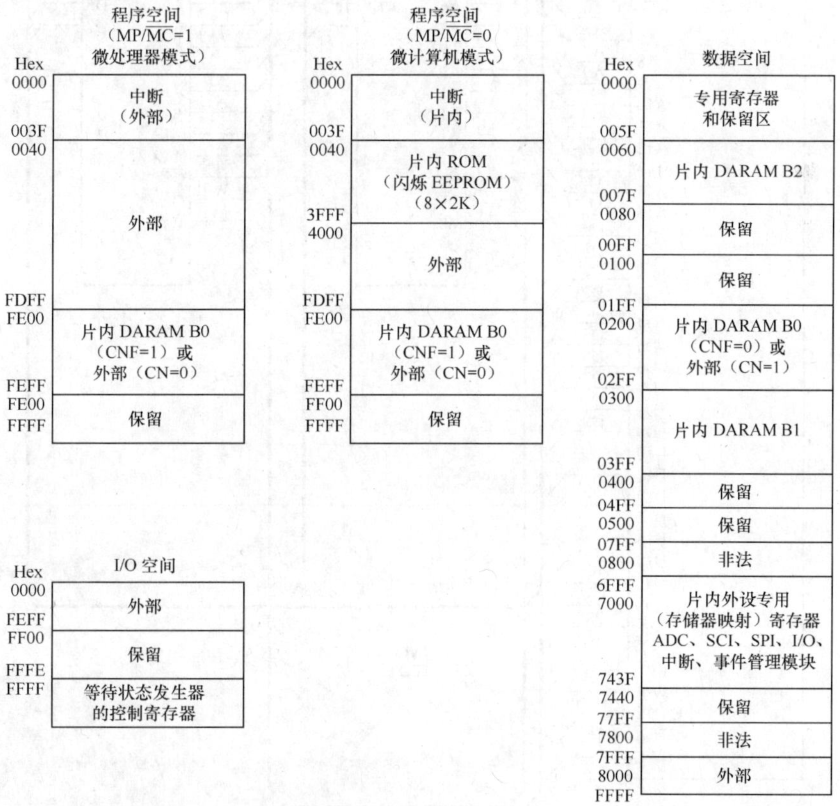

图 2.6 程序存储器的配置

程序存储器的地址分配如下。

- 0000h—003Fh：用于存储中断入口地址。当有中断请求信号时，CPU 从这个地方取中断服务子程序的入口。0000h 是系统复位向量地址，任何程序都得从此开始运行，所以一般在此安排一条分支跳转指令，让 CPU 转入到用户主程序的入口处。此块地址与中断服务有关，因此这个地方最好不要安排其他的程序指令。

- 0040h—FDFFh：用户程序区。根据不同的型号，可以有 4 / 8 / 16 / 32KB 的片内 FLASH / ROM；0 / 1 / 2 / 4 / 8 / 16KB 的单口存储器 SARAM；其余地址空间要使用的话，需要外扩。

- FE00h—FFFFh：这是一个双口存储器 DARAM 区（B0），可以配置给程序存储器，也可以配置给数据存储器，由状态寄存器 ST1 的 CNF 位决定。CNF＝0，配置给数据存储器；CNF＝1，配置给程序存储器。复位时 CNF＝0。

如果片内程序存储器不够用或不能用（片内 ROM 需要厂家写入），就需要外扩程序存储器。图 2.7 所示是 DSP 控制器与外部程序存储器接口的一个例子。图中利用两片 8K×8 位 EEPROM 构成 8K×16 位的程序存储器，外部程序存储器的数据线、地址线与 DSP 控制器相应的数据线、地址线相连。由于 DSP 控制器访问片内程序存储器时，信号 PS 和 STRB 处于

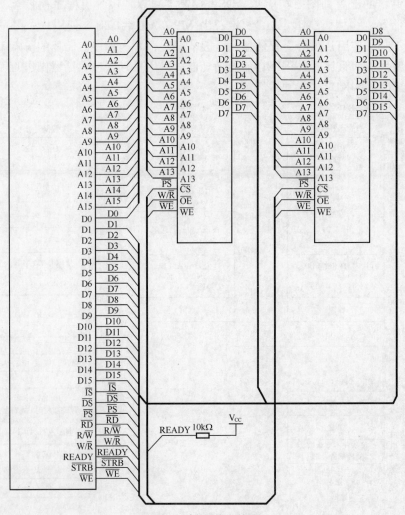

图 2.7　外扩程序存储器

高阻状态；DSP 控制器访问外部程序存储器时，外部总线被激活，信号 PS 和 STRB 有效，此时表明外部总线正用于程序存储器。因此，可以用信号 PS 作为外部程序存储器的片选信号。如果还需扩展多片外部程序存储器，可以用高位地址线经译码后与信号 PS 一起构成外部程序存储器的片选信号。DSP 控制器的处理速度非常快，在外扩程序存储器时必须考虑其响应时间是否与 DSP 控制器匹配。若使用较慢的存储器，则需插入等待状态以匹配二者的速度。插入等待状态有两种方法：一是利用片内等待状态发生器在访问周期中自动插入一个等待状态，二是在外部产生等待逻辑，并将其连接到 DSP 控制器的引脚 READY 上。当信号 READY 为低时，DSP 控制器处于等待状态；当信号 READY 为高时，DSP 控制器处于工作状态。采用第二种方法可以产生一个以上的等待状态，其等待的时间由外部等待逻辑发生器控制。

2.5.3　局部数据存储器

局部数据存储器分为片内数据存储器和片外数据存储器，其配置如图 2.8 所示。

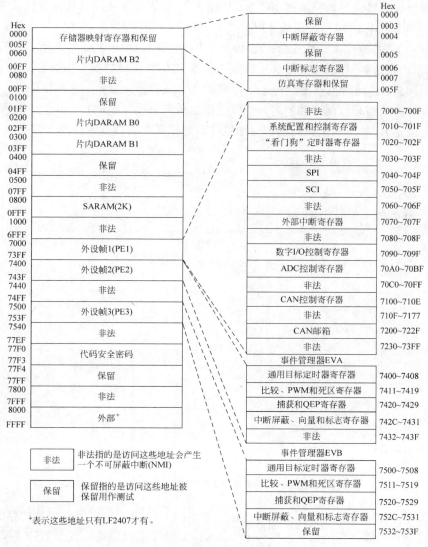

图 2.8　局部数据存储器配置

- 0000h—005Fh：专用寄存器区。这个区间的地址由 DSP 控制器使用，安排了中断屏蔽寄存器、全局存储器分配寄存器、中断标志寄存器等。
- 0060h—007Fh：32 个字的双口存储器 DARAM（B2），用户数据区。
- 0080h—00FFh：保留。
- 0100h—02FFh：256 / 512 个字的双口存储器 DARAM（B0），只当 CNF=0 才可作为用户数据区。
- 0300b—04FFh：256 / 512 个字的双口存储器 DARAM（B1），用户数据区。
- 0500h—07FFh：保留。
- 0800h—6FFFh：1 / 2 / 4 / 8 / 16KB 的单口存储器 SARAM，用户数据区。
- 7000h—743Fh：片内外设控制、数据等寄存器，是给 DSP 控制器用的专用寄存器区。
- 7440h—7FFFh：保留。
- 8000h—FFFFh：给片外局部数据存储器使用。

局部数据存储器的寻址范围是 64KB。DSP 控制器的指令系统对数据存储器的寻址可以 16 位的物理地址进行访问（如间接寻址方式），也可以按页进行访问（如直接寻址方式）。

64KB 的局部数据空间分成 512 个数据页（占用 9 位高地址位），每个数据页有 128 个字（占用 7 位低地址位），如图 2.9 所示。状态寄存器 ST0 中 9 位数据页指针 DP 的值确定当前使用哪个数据页。当前数据页中的每一个字则由 7 位偏移量来指定（含在指令里）。因此，在采用直接寻址方式访问数据存储器时，不但要指定数据页顶（确定 DP 的值），还要指定偏移量（由指令确定）。为了加快数据的访问速度，最好把同类的数据放在同一数据页中。

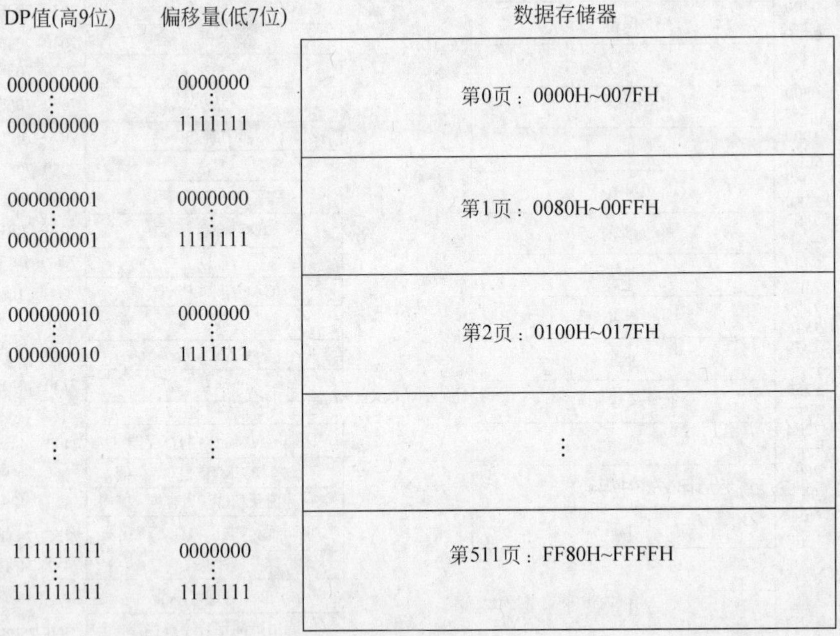

图 2.9　局部数存储器的地址分配与数据页

如果供用户使用的片内数据存储器 B0、B1 和 B2 不够用，则需外扩数据存储器。DSP 控制器在访问片内数据存储器时，信号 DS 和 STRB 处于高阻状态。仅当 DSP 控制器访问映射至外部存储器的地址范围（8000h～FFFFh）时，信号 DS 和 STRB 处于有效状态，表明数据存储器在使用外部总线。因此，可以用信号面作为外部局部数据存储器的片选信号。图 2.10 所示是外扩局部数据存储器的例子，图中用两片 16K×8 位的 RAM 构成 16K×16 位的 RAM。若还有多片外部数据存储器要连，可以用高位地址线经译码后与信号 DS 一起构成外部局部数据存储器的片选信号。

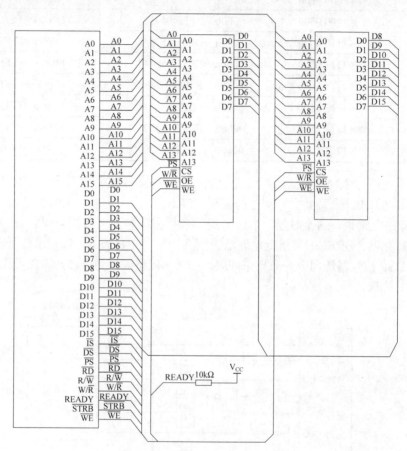

图 2.10　外扩局部数据存储器

为加快接口速度，可选用快速外部存储器。若不要求快速访问存储器，可用 READY 信号或片内等待状态发器来建立等待状态以便和低速外部存储器接口，这和使用慢速程序存储器时采用的方法类似。

2.5.4　全局数据存储器

DSP 控制器除了局部数据存储器外，还有一个全局数据存储器，用于保存与其他处理器共用的数据。或者作为一个附加的数据空间。全局数据存储器的最大寻址空间是 32K 字（8000h～FFFFh），它与局部数据存储器可以是同一个物理存储器，也可以是两个不同的物理存储器。

如果是同一个物理存储器，二者通过地址就可以区分，其地址范围由全局存储器分配寄存器（GREG）来指定，如表 2.5 所示。全局存储器分配寄存器（GREG）确定全局数据存储器空间的大小。范围在 256～32KB。全局存储器分配寄存器的地址是 0005h，只使用低 8 位。切记只能选择表 2.5 所列出的 GREG 值，其他值会使存储器映射分成碎片。

表 2.5 　　　　　　　　　　　　全局存储器分配寄存器（GREG）

GREG 的值	局部存储器	全局存储器
×××× ××××0000 0000	0000h～FFFFh 65356	… 　　　0
×××× ××××1000 0000	0000h～7FFFh 32768	8000h～FFFFh 32768
×××× ××××1100 0000	0000h～BFFFh 49152	C000h～FFFFh 15384
×××× ××××1110 0000	0000h～DFFFh 57844	E000h～FFFFh 8192
×××× ××××1111 0000	0000h～EFFFh 61440	F000h～FFFFh 4096
×××× ××××1111 1000	0000h～F7FFh 63488	F800h～FFFFh 2048
×××× ××××1111 1100	0000h～FBFFh 64512	FC00h～FFFFh 1024
×××× ××××1111 1110	0000h～FDFFh 65024	FE00h～FFFFh 512
×××× ××××1111 1111	0000h～FEFFh 65280	FF00h～FFFFh 256

　　如果不是同一个物理存储器，二者的地址空间将会有重叠的部分，特别是当局部数据存储空间需要 64KB，全局数据存储空间需要 32KB 时，二者的高 32KB 地址空间（8000h～FFFFh）将完全重叠。这个时候，要区分局部数据空间和全局数据空间的访问，光靠全局存储器分配寄存器（GREG）来指定地址范围就不行了，需要加上总线请求信号 BR，如图 2.11 所示。当 DSP 控制器访问全局数据空间时，信号 BR 将被置为有效，因此可用它作为全局数据存储器的片选信号。

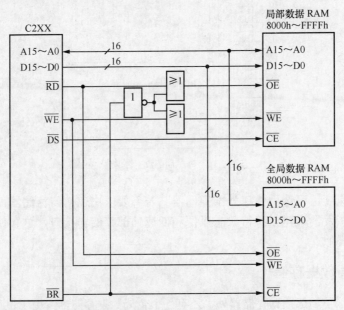

图 2.11　外扩局部和全局数据存储器

　　在局部数据存储器和全局数据存储器是两个不同的物理存储器的情况下进行数据访问时，要根据当前是访问局部数据空间还是全局数据空间，进行修改全局存储器分配寄存器（GREG）的值。当进行全局数据空间访问时，要先将全局存储器分配寄存器（GREG）的值修改到与实际的全局数据存储器的物理地址范围一致；当进行局部数据空间访问时，要先求全局存储器分配寄存器（GREG）的值清零，此时总线请求信号 BR 将失效，而数据存储器选择信号 DS 会有效，从而保证当前访问的是局部数据空间。

2.5.5 I/O 空间

DSP 控制的 I/O 空间可寻址 64KB，由 3 部分组成：
- 0000h—FEFFh 用于访问片外外设；
- FF00h—FFFEh 保留；
- FFFFh，映射为等待状态发生器的控制寄存器。

所有 I/O 空间（外部 I/O 端口和片内 I/O 寄存器）都可用 IN 和 OUT 指令访问。当执行 IN 或 OUT 指令时，信号 IS 将变成有效，因此可用信号 IS 作为外围 I/O 设备的片选信号。访问外部并行 I/O 端口与访问程序、数据存储器复用相同的地址和数据总线。数据总线宽度为 16 位，若使用 8 位的外设，既可使用高 8 位数据总线也可使用低 8 位数据总线，以适应特定应用的需要。图 2.12 所示是一个 16 位 I/O 端口接口电路。需指出，若所用 I/O 端口很少，那么译码部分可以简化。

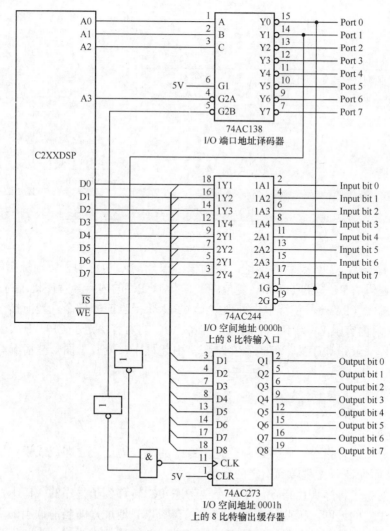

图 2.12　16 位 I/O 端口接口电路

2.6 程序控制

通常程序的流程是顺序的，在程序地址指针的指挥下按节拍进行工作。DSP 控制器的程序地址的产生如图 2.13 所示。

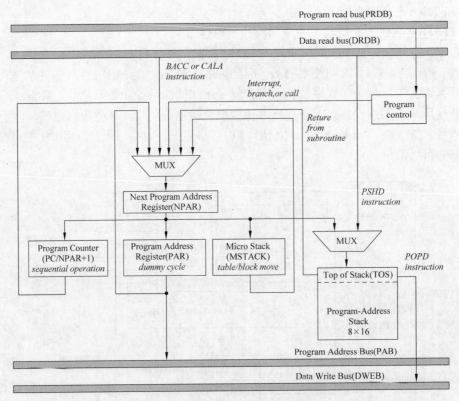

图 2.13 DSP 控制器的程序地址的产生

16 位的程序计数器 PC 是程序地址产生的核心部分，PC 也称为程序地址指针。系统复位时由内部硬件逻辑将 PC 置为 0000h（复位中断向量）。PC 的内容经程序地址寄存器（PAR）驱动程序地址总线（PAB），使得中央处理单元 CPU 获得当前的指令。当前指令被装入指令寄存器后，PC 的内容加1，为下一个地址做准备。PC 的内容决定了 CPU 下次取指的地点。

程序的流程一般是顺序的，但也存在跳变。引起程序跳变有下面一些情况。

- 分支跳转指令。
- 子程序调用。
- 软、硬件中断。
- 块传送或表传送。

如果遇到分文跳转指令，硬件逻辑会把指令中的跳转地址（立即数或累加器的低 16 位）加载到 PC，从而保证分支跳转到指定的地址上。

如果遇到的是子程序调用指令，不但需要考虑 PC 转移到子程序的入口上，而且还要考虑到调用完后 PC 的返回。因此，首先要将返回（断点）地址，即当前调用的下一条指令地址保护起来，称为现场保护。程序地址产生模块中的 8 级硬件堆栈就是为此而设，这个堆栈采用先进后出、后进先出的策略。当 CPU 执行子程序调用指令时，首先自动地将返回地址压入堆栈；然后再将子程序的入口地址（含在调用指令中的长立即数或累加器的低 16 位）加载到 PC，CPU 转而运行子程序的指令；当碰到返回指令 RET，CPU 自动地将当前栈顶内容（返回地址，弹到 PC，从而恢复原来的断点程序继续运行。由于硬件堆栈有 8 级，而且采用先进后出、后进先出的策略，所以可以实现子程序嵌套，但最多 8 级。

如果是发生软/硬件中断，与子程序调用完全类似，同样需要考虑 PC 的转移与返回。在中断情况下，需要把当前中断处的指令执行完，并把返回地址（下一条指令的地址）压入堆栈，由内部硬件逻辑把中断服务于程序的入口中断向量（这个中断向量是 DSP 控制器规定的）加载到 PC 中；当碰到中断服务子程序的返间指令 RET 时，CPU 自动地将当前栈顶内容（返回地址）弹到 PC，从而恢复原来的断点程序继续运行。中断和子程序都可以嵌套，但一起不能超过 8 级。

如果进行块传送或表传送，即执行 BLDD、BLPD、MAC、MACD、TBLR 和 TBLW 指令，由于需要利用 PC 使源（目的）操作地址增 1，因此与调用子程序指令一样在执行指令之前要保护返回地址。由于块传送或表传送是单独的指令，不可能含 RET 指令在其中。因此，块传送或表传送的返回地址不能用 8 级硬件堆栈来保护。为了解决这个问题，在程序地址产生模块中设计了一个 16 位宽、1 级深的微堆栈（MSTACK），用这个微堆栈来保护这个返回地址（块传送或表传送指令的下一条指令的地址）。当块传送或表传送指令执行完后，硬件逻辑自动地将微堆栈的内容弹到 PC 中。与硬件堆栈不同，不能用 PUSH、POP 等指令对微堆栈进行操作。只有程序地址产生逻辑能够使用微堆栈，而且微堆栈的操作是不可见的。

2.7　时钟源模块

DSP 控制器的时钟源模块采用锁相环（PLL）技术，可以对外部振荡频率进行倍频，得到非常稳定的内部时钟。图 2.14 所示是时钟源模块的结构示意图。

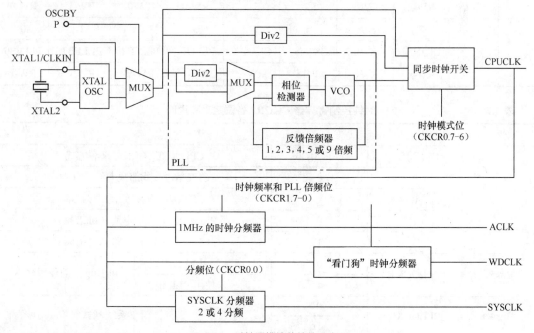

图 2.14　时钟源模块的结构示意图

与时钟源模块相关的外部引脚如下。

- OSCBYP：振荡器的旁路引脚。如果要使用 DSP 控制器的内部振荡器，必须外接晶振，此时该引脚接高电平；如果直接使用外部振荡器，就要将内部振荡器旁路，此时该引脚接低电平。外接晶振和外部振荡器统称为外部时钟。
- XTAL1 / CLKIN：当使用内部振荡器时，该引脚接外部晶振；当使用外部振荡器时，该引脚接外部振荡器的输出。外部晶振的频率可以是 2MHz、4MHz、6MHz、8MHz，外部振荡器的输出的频率可在 2～32MHz。
- XTAL2：接外部晶振的另一端，如果采用外部振荡器，该引脚不使用。

在时钟源模块内产生 4 种时钟如下。

- CPUCLK：CPU 时钟，供 CPU 及总线使用，也称为机器时钟，它的周期称为 CPU（机器）周期。该时钟可以是外部时钟的 1、1.5、2、2.5、3、4、4.5、5、9 倍。
- SYSCLK：它是 CPU 时钟的 2 分频或 4 分频，为 DSP 控制器的片内外设服务。
- ACLK：这个时钟专为 DSP 控制器中的模拟模块服务，无论外部时钟频率怎样，它的正常频率都是（1+10%）MHz。
- WDCLK：为看门狗和实时时钟模块提供时钟，与 ACLK 一样，无论外部时钟频率怎样，它的正常频率约为 16 384Hz，其占空比为 25%。

DSP 控制器的时钟源模块是可编程的，与它相关的两个寄存器是 CKCR0 和 CKCR1。它们各位的组成如表 2.6 所示，每位的定义及说明见表 2.7 和表 2.8。

表 2.6　　　　　　　　　　　时钟控制寄存器 CKCR0 和 CKCR1

地址	寄存器	位　　数							
		7	6	5	4	3	2	1	0
902Bh	CKCR0	CLKMD1	CLKMD0	PLLOCK1	PLLOCK0	PLLPM1	PLLPM0	ACLKENA	PLLPS
		RW-*x*	RW-*x*	R-*x*	R-*x*	RW-0	RW-0	RW-*x*	RW-0
		7	6	5	4	3	2	1	0
701Dh	CKCR1	CKINF3	CKINF2	CKINF1	CKINF0	PLLDIV	PLLFB2	PLLFB1	PLLFB0
		RW-*x*	RW-*x*	RW-*x*	RW-*x*	RW-*x*	RW-*x*	RW-*x*	RW-*x*

表 2.7　　　　　　　　　时钟控制寄存器 CKCR0 各位定义和说明

位	定　义		说　　明	
Bits7～Bits6	CLKMD1	CLKMD0	CPU（CPUCLK）来源方式	
	0	0	CLKIN/2，外部频率的 2 分频	
	0	1	CLKIN，直接使用外部频率	
	1	0	PLL，经过 PLL 电路（可倍频）	
	1	1	PLL，经过 PLL 电路（可倍频）	
Bits5	PLLOCK1	0	只读，使用 PLL 电路	PLL 电路的使用状态
		1	只读，未使用 PLL 电路	
Bits4	PLLOCK0	0	只读，用于系统测试	
		1		

位	定 - 义		说 明
	PLLPM1	PLLPM0	执行空闲指令后，4 种时钟的状况
	0	0	CPUCLK 停
Bits3～Bits2	0	1	CPUCLK，SYSCLK，ACLK 停
	1	0	CPUCLK，SYSCLK，ACLK 停，PLL 停
	1	1	全停
Bits1	ACLKENA	0	停止 ACLK
		1	使能 ACLK
Bits0	PLLPS	0	SYSCLK 取 CPUCLK 的 4 分频
		1	SYSCLK 取 CPUCLK 的 2 分频

表 2.8   **时钟控制寄存器 CKCR1 各位定义和说明**

位	定 义				说 明
	CKINF3	CKINF2	CKINF1	CKINF0	外部频率的选择 单位：MHz
	0	0	0	0	32
	0	0	0	1	30
	0	0	1	0	28
	0	0	1	1	26
	0	1	0	0	24
	0	1	0	1	22
	0	1	1	0	20
Bits7～Bits 4	0	1	1	1	18
	1	0	0	0	16
	1	0	0	1	14
	1	0	1	0	12
	1	0	1	1	10
	1	1	0	0	8
	1	1	0	1	6
	1	1	1	0	4
	1	1	1	1	2
Bits3	PLLDIV		0		PLL 输入不经 2 分频
			1		PLL 输入经过 2 分频
	PLLFB2	PLLFB1		PLLFB0	PLL 倍频率
Bits2～Bits0	0	0		0	1
	0	0		1	2
	0	1		0	3

续表

位	定		义	说 明
	0	1	1	4
	1	0	0	5
Bits2～Bits0	1	0	1	9
	1	1	0	1
	1	1	1	1

CPU 时钟是 DSP 控制器最重要的时钟源。它可以直接取自外部时钟或它的 2 分频，也可以由 PLL 电路对外部时钟进行倍频得到，这一切由时钟控制寄存器 CKCR0 的 CLKMD1：0 决定。采用 PLL 电路进行倍频时，其倍频系数由时钟控制寄存器 CKCR1 的 PLLFB2.0 设置。考虑到 PLL 电路的输入可先进行 2 分频（取决时钟控制寄存器 CKCR0 的 PLLDIV 位），因此 CPU 时钟可以是外部时钟的 1、1.5、2、2.5、3、4、4.5、5、9 倍。

设外部晶振或外部时钟的频率为 F_x，CPU 时钟（机器时钟）的频率为 F_c。它们之间的关系如下。

SYSCLK 是为挂接在片内外设总线上各功能模块服务的，它是 CPU 时钟的 2 分频或 4 分频，由时钟控制寄存器 CKCR0 的 PLLPS 决定。

ACLK 专为片内模拟外设服务。当不需要使用该时钟时，可通过时钟控制寄存器 CKCR0 的 ACLKENV 位待其关闭，以减少能量消耗和电磁辐射（1MHz）。DSP 控制器加电复位时，该时钟处于关闭状态。ACLK 时钟频率在 1MHz 左右，不随外部时钟频率变化，但外部时钟频率的选择必须符合时钟控制寄存器 CKCR1 的 CKINF3：0 的要求。如果 CPU 时钟频率的兆赫数是奇数的话，ACLK 频率实际上是 0.5MHz。

WDCLK 为 DSP 控制器的看门狗与实时时钟模块提供时钟源。它的产生办法与 ACLK 类似，大约送出 16kHz 左右的时钟信号。如果外部时钟 CLKIN 的频率是 2Hz 的乘方，则 WDCLK 的频率为 16 384Hz。如果外部时钟 CLKIN 的频率正好是 4MHz 或其倍数，则 WDCLK 的频率为 15 625Hz。如果想增加 WDCLK 的频率，可以将时钟控制寄存器 CKCR1 的 CKINF3：0 设为不正确的值来实现，如外部时钟 CLKIN 的频率为 4.194 304MHz，但将 CKINF3：0 设为 1 111（2MHz），此时 WDCLK 的频率将为 32 768Hz，这不是一个很好的办法，因为它会影响到 ACLK 的频率。

DSP 控制器加电复位时，锁相环电路 PLL 未被使用（CLKMD＝00），CPU 时钟为外部时钟的 2 分频，且 PLLF2：0＝0，PLLDIV＝0。如果要使用锁相环电路 PLL，则要设置 PLLF2：0 和 PLLDIV，并置 CLKMD1＝1，经过 100μs 的延迟，锁相环电路 PLL 被加电开始工作。在这段时间若要阻止某些代码执行，可通过读取 PLL 的状态（PLLOCK1）来编程实现。如果在运行过程中修改 PLL 的倍率（PLLF2：0 和 PLLDIV），它不能马上见效。需要先将 CLKMD1 清零，然后接着置 1，这样新的倍率值就被写入锁相环电路 PLL。

与系统时钟源模块紧密相关的是系统空闲功能的实现。在系统空闲时，可以将某些时钟源停止，以节省能量。当需要时，再将其唤醒。在当今环保要求越来越高的情况下，这一点是非常有意义和重要的。DSP 控制器有 4 种空闲方式，由时钟控制寄存器 CKCR0 的 PLLPM1：0 来设置，参见表 2.9。当空闲指令（IDLE）被执行时，DSP 控制器将处于 PLLPM1：0 规定的某种空闲方式如下。

表 2.9 系统空闲方式

方式	PLLP ML0	Mem_Domain	Sys_Domain	DCLK	PLL 状态	振荡器 状态	电源消耗	退出条件
正常	xx	On	On	On	On	On	>40mA	
IDEL1	00	OH	On	On	On	On	约 15 mA	$\overline{RS}$、NMI、看门狗中断、任何未屏蔽的中断
IDEL2	01	OH	OH	On	On	On	约 4 mA	$\overline{RS}$、NMI、看门狗中断、任何未屏蔽的外部中断、未使用 SYSCLK 的片内外设中断
PLL 掉电（PPD）	10	Off	Off	On	Off	On	约 1 mA	$\overline{RS}$、NMI、看门狗中断、任何未屏蔽的外部中断、未使用 SYSCLK 的片内外设中断
振荡器掉电（OPD）	11	Off	Off	Off	Off	Off	<30μA	$\overline{RS}$、NMI、任何未屏蔽的外部中断、未使用 SYSCLK 的片内外设中断

表 2.9 中的存储时钟域（Mem_Domain）是指用在除了中断寄存器以外的存储器、寄存器的 CPUCLK；系统时钟域（Sys_Domain）是指 CPUCLK、SYSCLK、ACLK 3 种时钟源，它包含了存储时钟域和中断寄存器用的 CPUCLK。唤醒中断包含各种片内、片外中断。

2.8 系统复位

有 6 种信号可使 DSP 控制器复位。

- 电源复位：内引脚 PORESET 引起。该引脚产生一个由低到高的电平变化，将产生复位信号。为了可靠复位，其低电平有效时间至少需要 6 个 CPU 时钟周期。
- 复位引脚 RS：该引脚是 I/O 类型的。当作为输入引脚时，其作用与引脚 PORESET 相同；当作为输出引脚时，可将 DSP 控制器的复位信号送给其他的器件。
- 软件复位：将系统控制寄存器 STSCR 的 RESET0 清零或 RESETl 置 1，将产生复位信号（见表 2.10～表 2.12）。
- 非法地址：如果在程序运行过程中，出现了非法地址，将产生复位信号。
- 看门狗定时器溢出：看门狗是为了监控系统运行状况而设。当系统运行出现故障时，通过看门狗定时器溢出产生复位信号，使系统重新开始。
- 欠电压复位：这与 DSP 控制器的型号有关，当内嵌了欠电压检测电路时，如果发生欠电压，将产生复位信号。

系统复位见图 2.15。

表 2.10　　　　　　　　　　系统控制寄存器（SYSCR）和系统状态寄存器（SYSSR）的组成

地址	寄存器	位 数							
		15	14	13	12	11	10	9	8
		RESET1	RESET0	Reserved	Reserved	Reserved	Reserved	Reserved	Reserved
		R/W-0	R/W-1						
7018h	SYSCR	7	6	5	4	3	2	1	0
		CLKSRC1	CLKSRC0	Reserved	Reserved	Reserved	Reserved	Reserved	Reserved
		R/W-1	R/W-1						
		15	14	13	12	11	10	9	8
		PORST	Reserved	Reserved	ILLADR	Reserved	SWRST	WDRST	Reserved
		R/C-x			R/C-x		R/C-x	R/C-x	
701Ah	SYSSR	7	6	5	4	3	2	1	0
		Reserved	Reserved	HPO	Reserved	VCCAOR	Reserved	Reserved	VECRD
				R/C-1		R-1			R-0

表 2.11　　　　　　　　　　系统控制寄存器（SYSCR）各位定义与说明

位	定 义		说 明
	RESET1	RESET 0	软件复位，两位要同时写
	0	0	系统复位
Bits15～Bits 14	0	1	无效
	1	0	系统复位
	1	1	系统复位
Bits13～Bits 8	保留		
	CLKSRC1	CLKSRC0	引脚 CLKOUT 的功能
	0	0	数字 I/O
Bits7～Bits 6	0	1	输出 WDCLK
	1	0	输出 SYSCLK
	1	1	输出 CPUCLK
Bits5～Bits 0	保留		

表 2.12　　　　　　　　　　系统状态寄存器（SYSSR）各位定义与说明

位	定 义		说 明
Bits15	POST	0	没有电源复位
		1	由电源引起了复位
Bits14～Bits 13	保留		
Bits12	ILLADR	0	没有非法地址复位
		1	由非法地址引起了复位

位	定 义		说 明
Bits11	保留		
Bits10	SWRST	0	没有软件复位
		1	由软件引起了复位
Bits9	WDRST	0	没有看门狗复位
		1	由看门狗引起了复位
Bits8~Bits 6	保留		
Bits5	HPO	0	正常模式
		1	FLASH 存储器编程模式
Bits4	保留		
Bits3	VCCAOR（欠压检测）	0	VCCA 自动调节
		1	VCCA 不调节
Bits2~Bits 1	保留		
Bits0	VECRD	0	系统中断向量寄存器 SYSIVR 空
		1	系统中断向量寄存器 SYSIV 已写入

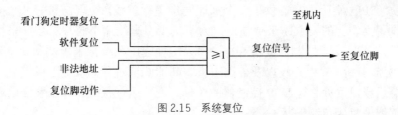

图 2.15　系统复位

复位信号实际上是一个不可屏蔽的中断。当系统收到复位信号后，将复位中断向量 0000H 加载到程序计数器 PC 中。一般情况下，该处没有一条分支指令，以跳转到主程序入口上。

系统复位后：

CNF=0，双口存储器 DAPAM（B0）分配给数据空间；

INTM＝1，禁止可屏蔽中断。

系统状态：OV=0，XF=1，SXM=1，PM=00，C=1

全局存储器分配寄存器 GREG＝××××××××00000000

- 重复计数器 RPTC＝0。
- 等待状态的周期设为最大。

思 考 题

1. 请描述 TMS320C2xx 的总线结构。

2. TMS320C2xx 芯片的 CPU 包括哪些部分？其功能是什么？

3. TMS320C2xx 有几个状态和控制寄存器？它们的功能是什么？

4. TMS320C2xx 片内存储器一般包括哪些种类？

5. 简述 TMS320LF240x 芯片的存储器分配方法。

DSP 控制器是一个单片系统，除了有中央处理单元，还有片内程序存储器、数据存储器以及片内外设。片内外设包括事件管理模块（EV）、A/D 转换模块（ADC）、串行通信模块（SCI）、串行外设接口模块（SPI）、中断管理系统和系统监视模块。事件管理模块（EV）含有通用定时器、比较器、PWM 发生器、捕获器。A/D 转换模块（ADC）包含两个 8 通道 16 位的 A/D 转换器，实现模拟量到数字量的转换。串行通信接口模块（SCI）是一个标准的串行异步数字通信接口模块，可以实现半双工或双工的通信，通信速率可达 625kbit/s。串行外设接口模块（SPI）实际上是提供了一个高速同步串行总线，实现与带有 SPI 接口芯片的连接。目前，设备小型化的要求越来越强烈，为了减少引脚线缩小芯片尺寸，采用 SPI 接口的芯片越来越多，因此 DSP 控制器提供 SPI 接口为工程应用系统带来了便利。中断管理系统负责处理 DSP 内核中断、片内外设以及外部引脚中断的响应过程。系统监视模块由看门狗和实时中断定时器组成，负责监视 DSP 控制器的软件、硬件运行状况。一旦系统出现故障就在一定时间内复位或恢复到定制的状态。

3.1　事件管理模块

在微机控制系统中，两类事件是非常重要的。一类是与时间有关的事件，另一类是外部中断事件。一个控制程序是否优良，与这两类事件使用好坏有着直接的关系。在控制程序中，经常采用定时采样、定时显示、定时轮询等方式，以及要求输出各种各样的控制波形，这些都需要通过与时间有关的事件来完成。此外，通过对时间分片还可以实现多进程的控制方式。中断是微机控制系统另一种非常好的控制方式，因为只是在有中断请求时，CPU 才可能去对它服务，这样一来就可以不用软件轮询的方式来访问外设接口，从而节约软件开销，简化程序结构。DSP 控制器的事件管理模块主要涉及与时间有关的事件。

图 3.1 所示为 DSP 控制器事件管理模块的结构示意图。它由 3 个通用定时器、6 个全比较单元、3 个单比较单元、4 个捕获单元、2 个正交编码脉冲电路组成。表 3.1 所示为与事件管理模块相关的引脚说明。

一般情况下，每个单元模块都有多种功能或多种工作方式，它的功能实现是由相关的寄存器和引脚完成。寄存器分为两大类：控制类寄存器和数据类寄存器。当前具体使用哪种功能或哪种工作方式由它的控制类寄存器来规定。因此，在使用某种功能模块之前需要对它的控制类寄存器进行初始化。这种模块也称为可编程模块。从用户编程的角度来看，使用某种功能模块实际上就是对它的控制类寄存器或数据类寄存器进行读写，而对应的引脚变化或其他的物理过程是模块自身完成的。因此，对于寄存器的地址以及每位的含义的了解是至关重要的。

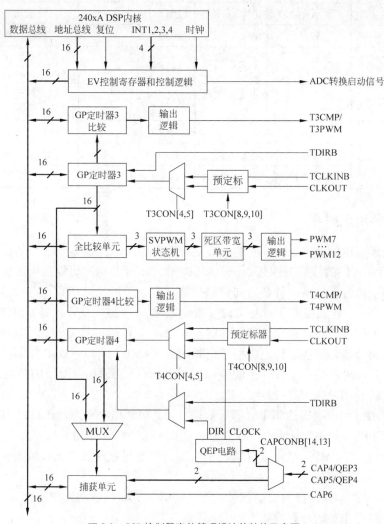

图 3.1 DSP 控制器事件管理模块的结构示意图

表 3.1 事件管理器的相关引脚说明

EVA		EVB	
引　脚	描　述	引　脚	描　述
T1PWM/T1CMP	定时器 1 比较/PWM 输出	T3PWM/T3CMP	定时器 3 比较/PWM 输出
T2PWM/T2CMP	定时器 2 比较/PWM 输出	T4PWM/T4CMP	定时器 4 比较/PWM 输出
PWM1	比较单元 1 输出 1	PWM7	比较单元 4 输出 1
PWM2	比较单元 1 输出 2	PWM8	比较单元 4 输出 2
PWM3	比较单元 2 输出 1	PWM9	比较单元 5 输出 1
PWM4	比较单元 2 输出 2	PWM10	比较单元 5 输出 2

续表

EVA		EVB	
引　脚	描　述	引　脚	描　述
PWM5	比较单元 3 输出 1	PWM11	比较单元 6 输出 1
PWM6	比较单元 3 输出 2	PWM12	比较单元 6 输出 2
CAP1/QEP1	捕捉单元 1 或正交编码器脉冲 1 输入	CAP4/QEP3	捕捉单元 4 或正交编码器脉冲 3 输入
CAP2/QEP2	捕捉单元 2 或正交编码器脉冲 2 输入	CAP5/QEP4	捕捉单元 5 或正交编码器脉冲 4 输入
CAP3	捕捉单元 1	CAP6	捕捉单元 6
TDIRA	EVA 定时器的计数方向	TDIRB	EVB 定时器的计数方向
TCLKINA	EVA 定时器的外部时钟输入	TCLKINB	EVB 定时器的外部时钟输入

3.1.1　通用定时器

定时器是最常用的外围设备，它的核心是计数器。DSP 控制器的 3 个通用定时器都采用 16 位的计数器，它们的计数范围是 0～65 535 个脉冲。计数脉冲可以由内部时钟经分频产生也可以内外部引脚时钟提供。计数方向可以是增计数也可以是减计数。定时器内设有周期寄存器和比较寄存器。定时器除了产生上溢（增计数时）、下溢（减计数时）事件外，当计数值与周期寄存器的值或比较寄存器的值相等时，还会产生周期匹配或比较匹配两种事件。如果开启了比较输出功能，这些事件还将引起引脚的电平变化。所以，DSP 控制器的通用定时器为控制系统的各种应用提供了设计上的便利。图 3.2 所示为通用定时器的结构示意图。

与通用定时器相关的引脚（$x=1$，2，3）如下。

- TMRDIR：用于确定通用定时器计数增 / 减方式，高电平为增计数，低电平为减计数。
- TMRCLK：外部引脚时钟，最大频率是 CPU 时钟频率的 1 / 4。
- TxPWM / TxCMP：通用定时器输出引脚。在通用定时器的比较输出操作被开启时，该引脚才起作用，否则处于高阻状态。
- ADC_Sart：A/D 转换的启动信号。当定时时间到时，自动发出这个启动信号。

与通用定时器相关的寄存器如下。

- TxCNT（Count）：16 位计数寄存器，可读写。
- TxCMPR（Compare）：16 位定时比较寄存器，存放待比较的值，可读写，双缓冲结构。

当计数寄存器的计数值与定时比较寄存器的值相等时将产生比较匹配事件。

- TxPR（Period）：16 位定时周期寄存器，存放周期值，可读写，双缓冲结构。当计数寄存器的计数值与定时周期寄存器的值相等时将产生周期匹配事件。
- TxCON（Control）：16 位定时控制寄存器，可读写，决定操作模式、时钟选择、分频系数预定标因子以及对定时比较寄存器和定时周期寄存器的控制。
- GPTCON（GP Control）：16 位通用定时控制寄存器，可读写，主要规定由哪种定时事件启动 A/D 转换，同时也可决定 4 种定时事件的优先级。

对可编程功能模块（芯片）的操作，实际上就是对它的寄存器进行读写。计数寄存

T*x*CNT 是通用定时器的核心，它记录输入给它的脉冲数。计数脉冲可由内部引脚时钟提供也可由外部时钟提供，其时钟的选择及分频系数由定时控制寄存器 T*x*CON 相应位决定。当计数寄存器的值达到 FFFFh 时将产生上溢事件，当计数寄存器的值达到 3 000h 时将产生下溢事件，并分别在中断标点寄存器 EVIFRA EVIFRB 中的 T*x*OFINT 位和 T*x*UFINT 位上产生置位。

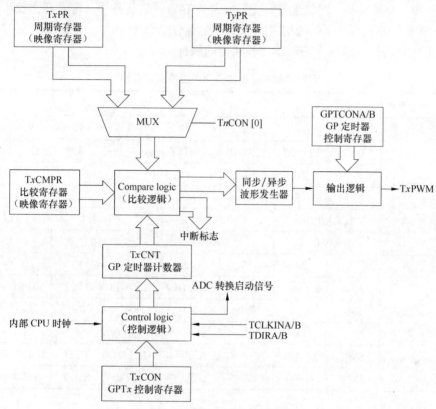

图 3.2　通用定时器结构示意图

　　定时比较寄存器 T*x*CMPR 存放待比较的值，它是双缓冲结构，分为缓冲寄存器和工作寄存器。定时比较缓冲寄存器可在任何时候进行读写。但是，定时比较缓冲寄存器的内容什么时候装载到它的工作寄存器，取决于定时控制寄存器 T*x*CON 的设置，参见表 3.2。计数寄存器的值不断与定时比较工作寄存器的值进行比较，一旦相等就产生比较匹配事件，在中断标志寄存器 EVIFRA 和 EVIFRB 中的 T*x*CINT 位上产生置位，同时还会给出相应的 A／D 转换启动信号（取决于通用定时控制寄存器 GPTCON 的 T*x*ADC1：0 的设置），在通用定时器的比较输出操作被开启时（由定时控制寄存器 T*x*CON 的 TECMPR 和通用定时控制寄存器 GPTCON 的 TCOMPOE 来设置），还会使引脚 T*x*PWM／T*x*CMP 产生跳变。

　　定时周期寄存器 T*x*CPR 与定时比较寄存器 T*x*CMPR 相类似，它存放周期值，也是双缓冲结构，分为缓冲寄存器和工作寄存器，可在任何时候对它的缓冲寄存器进行读写。定时周期缓冲寄存器的内容装载到它的工作寄存器，只能在计数寄存器的值为 0 时进行。计数寄存器的值不断与定时周期工作寄存器的值进行比较。一旦相等就产生周期匹配事件，在中断标志寄存器 EVIFRA 和 EVIFRB 中的 T*x*PINT 位上产生置份。在连续计数模式下，有了定时周期寄存器就可以产生连续的周期信号，再通过定时比较寄存器控制脉宽，就可以产生任意调制的 PWM 波形。

定时控制寄存器 TxCON 和通用定时控制寄存器 GPTCON 决定了通用定时器的工作方式，在使用通用定时器前必须对它们进行初始化。16 位定时控制寄存器 TxCON 各位组成如表 3.2 所示，各位的定义与说明如表 3.3 所示。16 位通用定时控制寄存器 GPTCON 各位组成如表 3.2 所示，各位的定义与说明如表 3.4 所示。定时控制寄存器 TxCON 主要决定通用定时器的计数模式、分频系数、时钟选择、定时比较寄存器重装载条件，定时器比较输出操作的使能、定时器的开启与关闭等。通用定时控制寄存器 GPTCON 主要决定由哪个定时器的何种事件来启动 A/D 转换以及 3 个定时器比较输出的极性。

表 3.2 定时控制寄存器和通用定时控制寄存器

地址	寄存器	位 数							
7400h	GPTCON	15	14	13	12	11	10	9	8~7
		T3STAT	T2STAT	T1STAT	T3TODAC		T2TODAC		T1TODAC
		R-1	R-1	R-1	RW-0		RW-0		RW-0
		6		5	4	3	2	1	0
		TCOMPOE		T3PIN			T2PIN		T1PIN
		RW-0		RW-0			RW-0		RW-0
7404h 7408h 740Ch	TxCON (x=1，2，3)	15	14	13	12	11	10	9	8
		Free	Solt	TMODE2	TMODE1	TMODE0	TPS2	TPS1	TPS0
		R-0	R-0	R-0	R-0	R-0	R-0	R-0	R-0
		7	6	5	4	3	2	1	0
		TSWT1	TENABLE	TCLKS1	TCLKS0	TCLD1	TCLD0	TECMPR	SELT1PR
		RW-0	RW-0	RW-0	RW-0	RW-0	RW-0	RW-0	RW-0

表 3.3 定时控制器 TxCON 的定义与说明

位	定 义		说 明
Bits15~Bits14	Free	soft	仿真控制
	0	0	仿真悬挂时立即停止
	0	1	仿真悬挂时完成当前周期后停止
	1	0	不受仿真悬挂的影响
	1	1	不受仿真悬挂的影响
Bits12~Bits11	TMode2	TMode1	TMode0	计数模式
	0	0	0	模式 0：停止/保持
	0	0	1	模式 1：单增计数
	0	1	0	模式 2：连续增计数
	0	1	1	模式 3：定向增/减计数
	1	0	0	模式 4：单增/减计数
	1	0	1	模式 5：连续增/减计数

续表

位	定　义			说　明
Bits12～ Bits11	1	1	0	保留
	1	1	1	保留
Bits10～ Bits8	TPS2	TPS1	TPS0	分频系数（F_g 是 CPU 时钟频率）
	0	0	0	$F_g/1$
	0	0	1	$F_g/2$
	0	1	0	$F_g/4$
	0	1	1	$F_g/8$
	1	0	0	$F_g/16$
	1	0	1	$F_g/32$
	1	1	0	$F_g/64$
	1	1	1	$F_g/128$
Bits7	TSWT1 （对 TICON 无效）	0		使用自己的使能位
		1		以 T1CON 的 TEnable 位作为使能位
Bits6	Tenable	0		停止计数，保持原值
		1		使能（启动）计数
Bits5～Bits4	TCLKS1	TCLKS0		时钟选择
	0	0		内部时钟
	0	1		外部时钟
	1	0		仅用于 T3CON，此时通用定时器 3 和 3 级联为 32 位定时器，定时器 2 作为定时器 3 的时钟源，该位对于 T1CON 和 T2CON 以及 SELTIPR=1 时无效
	1	1		仅用于 T2CON 和 T3CON，此时使用正交解码脉冲电路作为时钟源，该位对于 T1CON 以及 SELTIPR=1 时无效
Bits3～Bits2	TCLD1	TCLD0		定时器比较寄存器装载条件
	0	0		计数寄存器值为 0
	0	1		计数寄存器值为 0 或等于定时周期寄存器的值
	1	0		立即
	1	1		保留
Bits1	TECMPR （定时比较使能）	0		关闭比较操作
		1		使能比较操作
Bits0	SELT1PR （选择周期寄存器）	0		使用自己的周期寄存器
		1		用 T1PR 作为自己的周期寄存器

表 3.4 通用定时控制器 GPTCON 的定义与说明

位	定 义		说 明
Bits15	T3STAT（只读）	0	通用定时器 3 采用减计数模式
		1	通用定时器 3 采用增计数模式
Bits14	T2STAT（只读）	0	通用定时器 2 采用减计数模式
		1	通用定时器 2 采用增计数模式
Bits13	T1STAT（只读）	0	通用定时器 1 采用减计数模式
		1	通用定时器 1 采用增计数模式
Bits12～Bits11	T3ADC1	T3ADC0	由通用定时器 3 的事件启动 A/D
	0	0	不启动
	0	1	下溢出
	1	0	周期匹配
	1	1	比较匹配
Bits10～Bits9	T2ADC1	T2ADC0	由通用定时器 2 的事件启动 A/D
	0	0	不启动
	0	1	下溢出
	1	0	周期匹配
	1	1	比较匹配
Bits8～Bits7	T1ADC1	T1ADC0	由通用定时器 1 的事件启动 A/D
	0	0	不启动
	0	1	下溢出
	1	0	周期匹配
	1	1	比较匹配
Bits6	TCOMPOE	0	关闭 3 个通用定时器的比较输出
		1	使能（开启）3 个通用定时器的比较输出
Bits5～Bits4	T3PIN1	T3PIN0	通用定时器 3 比较输出引脚的极性
	0	0	强迫低
	0	1	低有效
	1	0	高有效
	1	1	强迫高
Bits3～Bits2	T2PIN1	T2PIN0	通用定时器 2 比较输出引脚的极性
	0	0	强迫低
	0	1	低有效
	1	0	高有效
	1	1	强迫高
Bits1～Bits0	T1PIN1	T1PIN0	通用定时器 1 比较输出引脚的极性
	0	0	强迫低
	0	1	低有效
	1	0	高有效
	1	1	强迫高

设 F_g 是 CPU（机器）时钟的频率，则定时时间 T 的计算公式为

$$T = \frac{1}{(F_g / 分频系数) \times 脉冲数} \tag{3.1}$$

式中，分频系数按 TxCON 中的 TPS2：1：0 取值。脉冲数与定时周期寄存器的值或定时比较寄存器的值有关。

每个通用定时器有如下 6 种计数模式：

- 停止 / 保持模式；
- 单增计数模式；
- 连续增计数模式；
- 定向增 / 减计数模式；
- 单增 / 减计数模式；
- 连续增 / 减计数模式。

下面先讨论通用定时器 6 种计数模式的基本功能，即"定时"功能，然后讨论通用定时器的比较输出功能与 PWM 调制技术的实现方法。

1. 模式 0：停止 / 保持

在这种模式下，通用定时器停止操作并保持当前状态，计数寄存器、比较输出和分频系数都保持不变。

2. 模式 1：单增计数模式

在这种模式下，通用定时器的计数寄存器记录输入时钟的脉冲个数，直到计数寄存器的值与周期寄存器的值匹配为止。发生周期匹配后将继续完成下述工作。

- 匹配之后的下一个输入时钟的上升沿，计数寄存器复位为零并且定时控制寄存器 TxCON 的使能位 Tenable 被清零，停止计数操作。
- 匹配之后的下一个 CPU 时钟周期，周期匹配中断标志置位，如果通用控制寄存器 GPTCON 规定该定时器的周期匹配事件启动 A/D 转换器，那么在设置周期匹配中断标志的同时，发送 A/D 转换器启动信号。
- 匹配之后的下两个 CPU 时钟周期，定时器的下溢中断标志置位，如果通用控制寄存器 GPTCON 规定该定时器的下溢事件启动 A/D 转换器，那么在设置下溢中断标志的同时，发送 A/D 转换器启动信号。

图 3.3 所示为通用定时器单增计数模式下的工作过程。

如果计数寄存器的初始值大于周期寄存器的值，计数寄存器首先从初始值计数到 FFFFh，并产生上溢中断标志；然后复位为零，再重新计数至与周期寄存器的值匹配，周期匹配之后的工作与前面所述一致。如果计数寄存器的初始值等于周期寄存器的值，定时器将立即产生周期匹配，其工作同前所述。

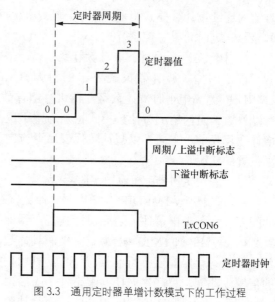

图 3.3　通用定时器单增计数模式下的工作过程

在单增计数模式下，计数方向始终是增，引脚 TMRDIR 不起作用，通用控制寄存器 GPTCON 中计数方向指示位 TxSATA 是 1。一个单增计数周期所计的脉冲数为（TxPR+1）。在该模式下，如果要产生连续的定时事件，就要在发生周期匹配后，通过软件使定时控制寄存储 TxCON 的使能值 Tenable 置 1，重新开始下一次的计数操作。

3. 模式 2：连续增计数模式

单增计数模式的连续重复就是连续增计数模式。在这种模式下，计数寄存器不断计数，并与定时周期寄存器进行匹配。一旦匹配就像单增计数模式一样对相应的中断标志进行置位，计数寄存器复位为 0，然后重新开始下一次计数周期。每个计数周期的脉冲数为 TxPR+1。图 3.4 所示为通用定时器连续增计数模式下的工作过程。

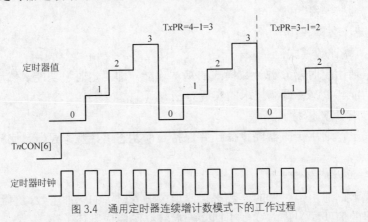

图 3.4　通用定时器连续增计数模式下的工作过程

在连续增计数模式下，可以改变定时局期寄存器的值，以得到不同的周期信号。但要记住，对定时周期寄存器值的修改是对它的缓冲寄存器进行的，要将它装载到工作寄存器需在计数寄存器复位为 0 的时刻，这个装载是自动完成的。

连续增计数模式下的周期匹配、下溢和上溢中断标志的置位，以及对 A／D 转换的启动操作都与单增计数模式下相同。在连续增计数模式下，引脚 TMRDIR 同样不起作用。通用定时器的连续增计数模式特别适用于产生边沿触发或异步 PWM 波形，以及实现定时采样、定时显示、定时轮寻等控制方式。

4. 模式 3：定向增／减计数模式

在定向增／减计数模式下，由引脚 TMRDIR 来规定是增计数还是减计数。当引脚 TMRDIR 为高电平时，计数寄存器进行增计数；当引脚 TMRDIR 为低平时，计数寄存器进行减计数。定向增／减计数模式特别适用于位置控制，如步进马达的控制、伺服控制等。以增计数代表前进方向，以减计数代表后退方向，以脉冲数表示位移量，这样一来就完全决定了位置的状况。

对于通用定时器 1 和通用定时器 3，其定向增／减计数模式的操作有如下特点。

- 只要引脚 TMRDIR 为低电平，计数寄存器的值不断减 1，并与 0000h 进行比较，一旦匹配即产生下溢出事件。随后，计数寄存器保持原值。
- 只要引脚 TMRDIR 为高电平而且计数寄存器的初始值小于或等于定时周期寄存器的值，计数寄存器的值不断增 1，并与定时周期寄存器的值进行比较，一旦与定时周期寄存器的值发生匹配，将产生周期匹配事件。随后，计数寄存器保持原值。
- 只要引脚 TMRDIR 为高电平而且计数寄存器的初始值大于定时周期寄存器的值，计数寄存器的值不断增 1，并与 **FFFFh** 进行比较。一旦与 **FFFFh** 发生匹配，将产生上溢事件。随后，计数寄存器保持原值。

- 引脚 TMRDIR 电平改变引起计数方向的改变需要延迟两个 CPU 时钟周期。引脚 TMRDIR 的电平状态会在通用定时控制寄存器 GPTCON 中的方向指示位了 T*x*SATA 得到反映：1 表示增计数，0 表示减计数。

- 由于是由引脚 TMRDIR 来规定当前是增计数还是减计数。因此，当引脚 TMRDIR 为高电平而且计数寄存器的值还未达到定时周期寄存器的值或 FFFFh 时，将引脚 TMRDIR 变为低电平，这时将进行减计数，定时器将不会发生周期匹配或上溢出事件。类似的道理，也有可能不发生下溢出事件。

- 周期匹配、下溢和上溢所产生的中断标志，以及相关的操作都与单增计数模式相同。

通用定时器 2 的定向增／减计数模式工作过程与通用定时器 1 或通用定时器 3 的定向增／减计数模式的基本一样。只是在增计数过程中，当与定时周期寄存器的值发生匹配后（产生周期匹配事件），若引脚 TMRDIR 仍为高电平，将还会继续进行增计数，不在定时周期寄存器的值上停留。因此，通用定时器 2 的定向增／减计数模式工作过程是在上溢与下溢之间滚动。这样设计通用定时器 2 的定向增／减计数模式工作过程，主要是为了适应正交编码脉冲电路的工作。图 3.5 所示为通用定时器定向增减计数模式下的工作过程。

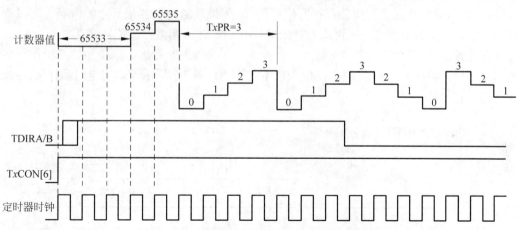

图 3.5　通用定时器定向增减计数模式下的工作过程

5. 模式 4：单增／减计数模式

在这种模式下，通用定时器的计数寄存器由初始值增计数至定时周期寄存器的值，然后改变计数方向进行减计数至 0 为止。当计数至 0 时，定时控制寄存器 T*x*CON 的使能位 Tenable 清零，停止计数操作，保持当前状态。

如果计数寄存器的初始值大于定时周期寄存器的值时，计数寄存器先计数至 FFFFh 再复位为 0，然后由 0 增计数至定时周期寄存器的值，然后改变计数方向进行减计数至 0 为止。

周期匹配、下溢和上溢所产生的中断标志，以及相关的操作都与单增计数模式相同，并且引脚 TMRDIR 不起作用。如果计数寄存器的初始值为 0，则其计数周期为 $2 \times$（T*x*PR）个时钟周期。在完成一次单增／减计数过程后，可通过软件使定时控制寄存器 T*x*CON 的使能位置位 Tenable 置 1，重新开始下一次的单增／减计数过程。图 3.6 所示为通用定时器单增／减计数模式的工作过程。

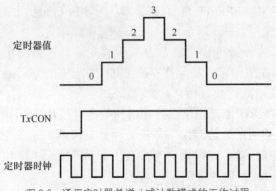

图 3.6　通用定时器单增／减计数模式的工作过程

6. 模式 5：连续增／减计数模式

单增／减计数模式的重复操作就是连续增／减计数模式。在这种操作模式下，一旦计数开始无需软件或硬件干涉，计数寄存器从 0 增计数到定时周期寄存器值，然后减计数至 0，周而复始。在循环计数的过程中，可以改变定时局期寄存器的值，但需到计数寄存器为 0 时才会生效。定时器周期是 2×（TxPR）个输入时钟周期。

如果计数寄存器最开始的值大于定时周期寄存器的值，则先计数至 FFFFh，然后溢出到 0。再周而复始地从 0 到定时周期寄存器值再到 0。如果计数寄存器最开始的值等于定时周期寄存器的值，则先减计数至 0，再周而复始地从 0 到定时周期寄存器值再到 0。

在循环计数的过程中，产生周期匹配、上溢、下溢等中断标志，以及相关的操作与单增计数模式一样。在该模式下，引脚 TMRDIR 不起作用。图 3.7 所示为通用定时器连续增/减计数模式的工作过程。

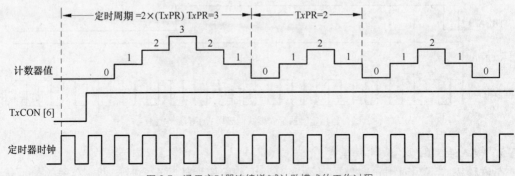

图 3.7　通用定时器连续增/减计数模式的工作过程

连续增／减计数模式适用于产生对称的 PWM 波形，该波形广泛应用于运动控制系统和电力电子等电器设备中。

7. 调制技术的基本实现原理

前面讨论了通用定时器 6 种计数模式，它的最基本的功能是产生"定时"事件，通过改变定时周期寄存器的值可以得到不同的定时时间，除了周期匹配这种"定时"事件外，还有上溢、下溢事件可利用。这一些都比普通的微处理器的通用定时器的功能要强。但是，对于 DSP 控制器上述功能仅仅是其中的一部分。由于 DSP 控制器的通用定时器都有一个相关的比较寄存器 TxCMPR 和一个输出引脚 TxPWM／TxCMP，因此可以利用它们做成波形发生器。

在数字控制系统中，无论采用什么样的控制方案，最终都需要将数字的控制策略转化成模拟信号以控制外部对象。由于目前大部分功率器件都是开关型器件，因此这种转化过程最常用的一种方法就是采用脉宽调制（PWM）技术，将数字量调制成满足控制策略的各种波形，最后施加到被控对象上。调制技术的核心就是产生周期不变但脉宽可变的信号。周期不变意味着可以同样的调制频率工作，脉宽可变意味着可以得到不同的波形。脉宽应该以一种什么规律变化才能得到满足控制策略的波形，这不是本书要讨论的问题（有兴趣的读者可参考有关控制方面的书籍），本书假定已得到脉宽变化的规律，探讨怎样去实现它。

从前面简单的叙述可知，调制波形是一系列周期信号，但每个周期中的脉宽是不同的。为了产生这种波形，可以想象需要两种事件：周期匹配与比较匹配。周期匹配保证调制波形的周期不变。比较匹配产生不同的脉宽。因此，根据调制频率来设置定时周期寄存器的值；根据已得到的脉宽变化规律在每个周期内修改定时比较寄存器的值，以得到不同的脉宽，图3.8 所示为调制技术的原理图。

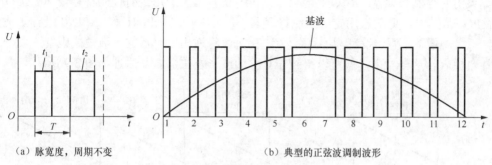

（a）脉宽度，周期不变　　　　　　　　　（b）典型的正弦波调制波形

图 3.8　调制技术的原理图

前面探讨了调制技术实现的原理，下面具体研究 DSP 控制器的通用定时器是怎样产生调制波形的。要从通用定时器的输出引脚 TxPWM / TxCMP 产生输出信号，必须首先将定时控制寄存器 TxCON 的 TECMPR 位置 1，以及通用定时控制寄存器 GPTCON 的 TCOMPOE 位置 1，位能（开启）通用定时器的比较输出操作。另外，要对通用定时控制寄存器 GPTCON 的 TxPIN1 和 TxPIN0 进行设置，以规定当发生比较匹配事件时引脚 TxPWM / TxCMP 应处于何种条件。

通用定时器的定时比较寄存器 TxCMPR 是一个有特殊意义的寄存器，无论在何种计数模式下，计数寄存器的值总是与定时比较寄仔器的值进行比较，当它们相等时，便发生比较匹配事件，并且产生以下相关操作。

- 在匹配后的 2 个 CPU 时钟，将中断标志寄存器 EVIFRA 和 EVIFRB 中的比较中断标志位 TxCINT 置位。
- 如果通用定时器不处于定向增 / 减计数模式，并且定时控制寄存器 TxCON 的 TECMPR 位置 1，那么在匹配后的一个 CPU 时钟周期，根据通用定时控制寄存器 GPTCON 的 TxPIN1 和 TxPIN0 设置的情况，相关的引脚 TxPWM / TxCMP 上将发生跳变。如果 TxPIN1 和 TxPIN0 设置为"低有效"，则在比较匹配发生前引脚 TxPWM / TxCMP 为高电平（无效），发生比较匹配后引脚 TxPWM / TxCMP 跳变为低电平（有效）；如果设置为"高有效"，其结果与"低有效"相反；如果设置为"强制低"，则无论比较匹配发生前引脚 TxPWM / TxCMP 是何种电平，发生比较匹配后引脚 TxPWM / TxCMP 都被强制为低电平；如果设置为"强制高",其结果与"强制低"相反。

- 如果通用定时控制寄存器 GPTCON 的 TxADCl 和 TxADC0 位允许比较匹配事件启动 A/D 转换,那么当比较中断标志位置位的同时将产生 A/D 转换的启动信号。
- 如果比较中断标志未被屏蔽,且同组中没有其他更高优先级的中断披挂起,则由比较中断标志产生的中断请求被送至 CPU。
- 如果通用定时器处于连续计数模式,则引脚 TxPwM / TxCMP 输出连续的信号;如果通用定时器处于单计数模式,则引脚 TxPWM / TxCMP 只发生一次跳变。

出现下列情况时,通用定时器的输出引脚 TxPWM / TxCMP 被置成高阻状态。

- 通用定时控制寄存器 GPTCON 的 TCOMPOE 位被置为 0。
- 引脚 PDPINT(电源保护中断)置为低电平且该中断未屏蔽。
- 系统复位。

8. 非对称波形发生器

如果定时控制寄存器 TxCON 的 TECMPR 位置 1,通用定时控制寄存器 GPTCON 的 TCOMPOE 位置 1,并对通用定时控制寄存器 GPTCON 的 TxPIN1 和 TxPIN0 进行了适当的设置,不失一般性,假定设置为"高有效";另外,将通用定时器的计数模式设置为单增或连续增计数模式,这样一来,就可以得到非对称的波形发生器,其原理如图 3.9 所示。

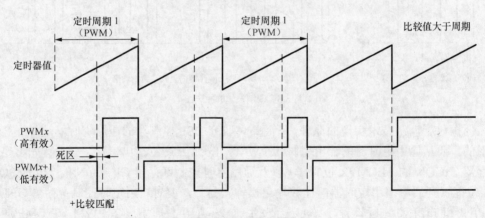

图 3.9 非对称波形发生器的原理

设定时比较寄存器的值为 TxCMPR,定时周期寄存器的值为 TxPR。在正常情况下,即 0＜TxCMPR＜TxPR,非对称波形发生器的工作过程如下。

步骤 1:计数寄存器从 0 开始增计数,在未达到定时比较寄存器的值之前,引脚 TxP-WM/TxCMP 输出为"无效"的低电平。

步骤 2:当计数寄存器的值与定时比较寄存器的值相等时,产生比较匹配事件,引脚 Tx-PWM / TxCMP 输出为"有效"的高电平,此时可以修改定时比较寄存器(缓冲器)的值,为下一周期的脉宽做准备。

步骤 3:计数寄存器继续增计数至定时周期寄存器的值,此时将产生周期匹配事件。引脚 TxPWM / TxCMP 输出恢复为"无效"的低电平;然后,计数寄存器复位为 0,产生下溢事件,同时将定时比较寄存器进行重装载(如果定时控制寄存器 TxCON 的 TCLD1:0＝00)。

步骤 4:如果下一周期的定时比较寄存器的值还是大于 0 但小于定时周期寄存器的值,则又回到步骤 1 重新一个新的周期。图 3.9 所示的第 1、第 2 个周期就是这种情况。

由于单增或连续增计数模式的脉冲周期 T＝（TxPR+1）个计数时钟，而"有效"电平时间 T＝（T-TxCMPR）个计数时钟，故脉冲的占空比为

$$\delta = \tau / T = （TxPR+1-TxCMPR）/（TxPR+1） \tag{3.2}$$

下面有 3 种特殊情况。

- TxCMPR＝0。此时，整个周期都是"有效"电平时间，即 δ＝100%。图 3.9 的第 3 个周期就是这种情况。

- TxCMPR=TxPR，此时，整个周期有 1 个计数时钟是"有效"电平时间。这是由于周期匹配事件发生后需有 1 个计数时钟的延迟来完成相关操作。图 3.9 所示的第 4 个周期就是这种情况。

- TxCMMP＞TxPR，此时，整个周期都是"无效"电平时间，因为不可能发生比较匹配事件，即 δ＝0%。

另外需要说明的是，在每次比较匹配事件发生时，可以为下一个周期的脉宽设置新的定时比较寄存器的值（可在比较匹配中断服务子程序中进行），这个新的定时比较寄存器的值何时生效，取决于定时控制寄存器 TxCON 的 TCLD1：0 的设置，一般情况下，定时周期寄存器的值是不变化的。但这也不是绝对的，在有的控制系统中需要更改调制频率，这样就需要对定时周期寄存器的值重新修正。一句话，灵活地安排定时比较寄存器的值和定时周期寄存器的值，可以得到各种各样的调制波形。

9. 对称波形发生器

对称波形发生器与非对称波形发生器的工作原理类似。首先将定时控制寄存器 TxCOH 的 TECMPR 位置 1，通用定时控制寄存器 GPTCON 的 TCOMPOE 位置 1，并对通用定时控制寄存器 GPTCON 的 TxPIN1 和 TxPIN0 进行了适当的设置，不失一般性，假定设置为"高有效"；另外，将通用定时器的计数模式设登为单增/减或连续增/减计数模式。图 3.10 所示为对称波形发生器的原理图。

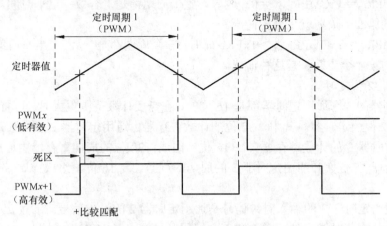

图 3.10 对称波形发生器的原理图

设定时比较寄存器的值为 TxCMPR，定时周期寄存器的值为 TxPR。在正常情况下，即 0＜TxCMPR＜TxPR，对称波形发生器的工作过程如下。

步骤 1：计数寄存器从 0 开始增计数，在未达到定时比较寄存器的值之前，引脚 TxPWM / TxCMP 输出为"无效"的低电平。

步骤 2：当计数寄存器的值与定时比较寄存器的值相等时，产生第 1 次比较匹配事件，引脚 TxPWM / TxCMP 输出为"有效"的高电平。

步骤 3：计数寄有器继续增计数至定时周期寄存器的值，此时将产生周期匹配事件。由于计数模式是单增 / 减或连续增 / 减计数模式，计数寄存器将继续减计数并与定时比较寄存器的值比较，当再次相等时将产生第 2 次比较匹配事件，引脚 TxPWM / TxCMP 输出恢复为"无效"的低电平。然后，计数寄存器继续减计数至 0，产生下溢事件，完成一个周期。

步骤 4：如果下一周期的定时比较寄存器的值还是大于 0 但小于定时周期寄存器的值，则又回到步骤 1 重新一个新的周期，图 3.10 所示的第 1、第 2 个周期就是这种情况。

由于计数模式是单增 / 减或连续增 / 减计数模式，在一个周期内将发生两次比较匹配事件，如果这两次比较匹配事件的定时比较寄存器的值是一样的。那么得到的波形就是以周期匹配点为中心的对称波形。如果在周期匹配事件上修改定时比较寄存器（缓冲器）的值，并将定时比较寄存器进行重装载的条件设置为下溢事件（定时控制寄存器 TxCON 的 TCLD1:0＝00），那么将保证得到对称的调制波形。

从理论上讲，修改定时比较寄存器（缓冲器）的值不一定要在周期匹配事件上，也不一定采用下溢的重装载条件。如果在一个周期内两次比较匹配事件的定时比较寄存器的值不一样，也可以得到非对称的调制波形。另外，可以根据不同的调制频率设置不同的定时周期寄存器的值。

由于单增 / 减或连续增 / 减计数模式的脉冲周期 $T＝2×$TxPR 个计数时钟，而"有效"电平时间 $\tau＝$（TxPR-TxCMPR$_{up}$）＋（TxPR-TxCMP$_{down}$）个计数时钟，TxCMPR$_{up}$ 是第 1 次比较匹配的定时比较寄存器的值，TxCMPR$_{down}$ 第 2 次比较匹配的定时比较寄存器的值，故脉冲的占空比为

$$\delta＝\tau／T＝（2×\text{T}x\text{PR-T}x\text{CMPR}_{up}\text{-T}x\text{CMPR}_{down}）／（2×\text{T}x\text{PR}） \quad\quad (3.3)$$

下面说明有两种特殊情况。

- TxCMPR$_{up}＝$TxCMPR$_{down}＝0$。此时，整个周期都是"有效"电平时间，即 $\delta＝100\%$。图 3.10 所示的第 3 个周期就是这种情况。

- TxCMPR$_{up}＝$TxCMPR$_{down}＞$TxPR。此时，整个周期都是"无效"电平时间，即 $\delta＝0\%$。图 3.10 所示的第 4 个周期就是这种情况。

10. 组成 32 位定时器

DSP 控制器的 3 个通用定时器都是 16 位的，在需要计数范围更大时，可将通用定时器 2 和 3 级联成 32 位的定时器。其中，32 位的计数寄存器由通用定时器 2 的计数寄存器（低 16 位）和通用定时器 3 的计数寄存器（高 16 位）组成；32 位的周期寄存器由通用定时器 2 的周期寄存器（低 16 位）和通用定时器 3 的周期寄存器（高 16 位）组成；比较寄得器还是各自独立存在。

此时，通用定时器 3 的输入时钟信号是通用定时器 2 的溢出信号。通用定时器 2 的输入时钟信号可以从内部时钟、外部时钟和正文编码脉冲电路（QEP）中选择。如果以正交编码脉冲电路作为定时器的输入时钟源，其正交编码脉冲输入的频率必须小于等于 CPU 时钟频率的 1/4。这是因为正交解码脉冲电路产生的时钟频率是正交解码脉冲输入通道频率的 4 倍。

级联的 32 位定时器的计数模式只能采用定向增 / 减计数模式。它的周期匹配事件是基于 32 位周期寄存器的；它的上溢和下溢事件也是基于 32 位的（FFFFFFFFh 或 00000000h）；但比较匹配事件是按各自的比较寄存器的值与各自的计数寄存器的值进行比较产生的。

11. 通用定时器的同步

在许多应用系统中，常常需要得到一组同步的信号，即它们有相同的周期，但互差一定的相位。DSP 控制器的 3 个通用定时器可以实现这个同步过程。

- 将 T2CON 和 T3CON 的 TSWT1 置 1，让通用定时器 1 同时启动 3 个通用定时器。
- 将 T2CON 和 T3CON 的 SELTIPR 置 1，让 3 个通用定时器共用通用定时器 1 的 T1PR 作为周期寄存器。
- 将 3 个通用定时器的计数寄存器的初始值按相位差进行适当设置。

12. 通用定时器复位

系统发生复位事件发生时，通用定时器产生以下变化。

- GPTCON 中计数方向指示位都置成 1，其余位都复位为 0，因此所有通用定时器的操作被禁止。
- 所有定时器中断标志位复位为 0，所有定时器中断屏蔽位复位为 0，因此所有定时器中断被屏蔽。
- 所有通用定时器的比较输出引脚置成高阻状态。

3.1.2　比较单元与 PWM 发生器

前面较详细讨论了 DSP 控制器的 3 个通用定时器的功能及使用方法。与此相关，DSP 控制器还有 3 个单比较单元（Simple Compare Units）和 2 个全比较单元（Full Compare Units）。每个单比较单元有一个关联的输出引脚 CMPy / PWMy（y＝7，8，9）；每个全比较单元有一对关联的输出引脚 CMPy/PWMy 和 CMPy+1 / PWMy+1（y＝1，3，5）。这是为桥式电路所设计，一对输出引脚对应一组桥臂，当上桥臂开启时下桥臂应关闭，反之亦然。2 个单比较单元和 3 个全比较单元的功能与通用定时器的比较输出的功能完全类似，可以独立地提供 6 个 PWM 输出波形。

1. 单比较单元

单比较单元结构框图如图 3.11 所示。

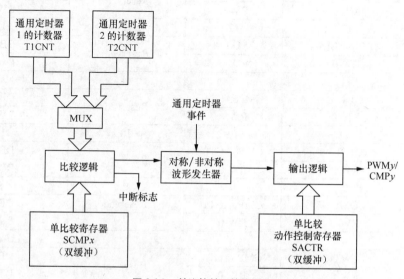

图 3.11　单比较单元结构框图

3 个单比较单元包括：

- 3 个 16 位比较寄存器（SCMPRx，$x=1$，2，3），双缓冲结构。
- 1 个 16 位比较控制寄存器 COMCON，与全比较单元共享。
- 1 个 16 位单比较动作控制寄存器 SACTR，双缓冲结构。
- 3 个非对称 / 对称波形发生器。

3 个输出引脚（三态）CMPy / PWMy（$y=7$，8，9）。

单比较动作控制寄存器 SACTR 和比较控制寄存器 COMCON 是单比较单元控制类寄存器，在单比较单元使用前需要对它们进行初始化设置；比较寄存器是存储待比较的值，属于单比较单元数据类寄存器。除了这个数据寄存器外，要进行比较操作还需要一个计数寄存器和一个周期寄存器。因此，单比较单元不能独自工作，需要和通用定时器联合工作。从图 3.11 可看出，配合单比较单元工作的通用定时器可以在通用定时器 1 和通用定时器 2 之间选择。

与比较单元相关的寄存器如表 3.5 所示，其各位的定义与说明如表 3.6 所示；比较控制寄存器 COMCON，其各位的定义与说明如表 3.7 所示；全比较动作控制寄存器 ACTR，其各位定义与说明如表 3.8 所示；死区控制寄存器 DBTCON，其各位定义与说明如表 3.9 所示。

表 3.5 比较单元的控制寄存器

地址	7411h	7413h	7414h	7415h
寄存器	COMCON	ACTR	SACTR	DBTCON
位数	15	15	15	15
	CENABLE	SVRDIR	Reserved	DBT7
	RW-0	RW-0		RW-0
	14	14	14	14
	CLD1	D2	Reserved	DBT6
	RW-0	RW-0		RW-0
	13	13	13	13
	CLD0	D1	Reserved	DBT5
	RW-0	RW-0		RW-0
	12	12	12	12
	SVENABLE	D0	Reserved	DBT4
	RW-0	RW-0		RW-0
	11	11	11	11
	ACTRLD1	CMP6ACT1	Reserved	DBT3
	RW-0	RW-0		RW-0
	10	10	10	10
	ACTRLD0	CMP6ACT0	Reserved	DBT2
	RW-0	RW-0		RW-0
	9	9	9	9
	PCOMPOE	CMP5ACT1	Reserved	DBT1
	RW-0	RW-0		RW-0
	8	8	8	8
	SCOMPOE	CMP5ACT0	Reserved	DBT0
	RW-0	RW-0		RW-0

续表

地址	7411h	7413h	7414h	7415h
寄存器	COMCON	ACTR	SACTR	DBTCON
位数	7	7	7	7
	SELTMR	CMP3ACT1	Reserved	DBTPS3
	RW-0	RW-0		RW-0
	6	6	6	6
	SCLD1	CMP3ACT0	Reserved	DBTPS2
	RW-0	RW-0		RW-0
	5	5	5	5
	SCLD0	CMP2ACT1	SCMP1ACT1	DBTPS1
	RW-0	RW-0	RW-0	RW-0
	4	4	4	4
	SACTRLD1	CMP2ACT0	SCMP1ACT0	DBTPS1
	RW-0	RW-0	RW-0	RW-0
	3	3	3	3
	SACTRLD0	CMP2ACT1	SCMP1ACT1	DBTPS0
	RW-0	RW-0	RW-0	RW-0
	2	2	2	2
	SELCMP3	CMP2ACT0	SCMP1ACT0	Reserved
	RW-0	RW-0	RW-0	
	1	1	1	1
	SELCMP2	CMP1ACT1	SCMP1ACT1	Reserved
	RW-0	RW-0	RW-0	
	0	0	0	0
	SELCMP1	CMP1ACT0	SCMP1ACT0	Reserved
	RW-0	RW-0	RW-0	

表 3.6　　　　单比较动作控制寄存器 SACTR 各位的定义与说明

位	定　义		说　明
Bits15~Bits6	保留		
	SCMP3ACT1	SCMP3ACT0	引脚 PWM9/CMP9 的极性
	0	0	强制低
Bits5~Bits4	0	1	低有效
	1	0	高有效
	1	1	强制高
	SCMP2ACT1	SCMP2ACT1	引脚 PWM8/CMP8 的极性
	0	0	强制低
Bits3~Bits2	0	1	低有效
	1	0	高有效
	1	1	强制高

续表

位	定 义		说 明
	ACTRLD1	ACTRLD0	引脚 PWM7/CMP7 的极性
	0	0	强制低
Bits1~Bits0	0	1	低有效
	1	0	高有效
	1	1	强制高

表 3.7　　　　　　　　　　比较控制寄存器 COMCON 各位的定义与说明

位	定 义		说 明
Bits15	CEnable	0	关闭全比较操作
		1	开启全比较操作
	CLD1	CLD0	全比较寄存器重载条件
	0	0	T1CNT=0，通用定时器 1 下溢
Bits14~Bits12	0	1	T1CNT=0 或 T1CNT=T1PR
	1	0	立即
	1	1	保留
Bits12	SVEnable	0	关闭空间矢量 PWM 模式
		1	开启空间矢量 PWM 模式
	ACTRLD1	ACTRLD0	全比较动作控制寄存器重载条件
	0	0	T1CNT=0，通用定时器 1 下溢
Bits11~Bits10	0	1	T1CNT=0 或 T1CNT=T1PR
	1	0	立即
	1	1	保留
Bits9~Bits8	FCOMPOE	0	全比较输出引脚呈高阻状态
		1	全比较输出引脚呈使能状态
Bits7~Bits6	SCOMPOE	0	单比较输出引脚呈高阻状态
		1	单比较输出引脚呈使能状态
Bits7	SELTMR	0	通用定时器 1 为单比较的时基
		1	通用定时器 2 为单比较的时基
	SCLD1	SCLD0	单比较寄存器重载条件（y=1，2）
	0	0	$TyCNT=0$
Bits6~Bits5	0	1	$TyCNT=0$ 或 $TyCNT=TyPR$
	1	0	立即
	1	1	保留
	SACTRD1	SACTRLD0	单比较动作控制寄存器重载条件
	0	0	$TyCNT=0$（y=1，2）
Bits4~Bits3	0	1	$TyCNT=0$ 或 $TyCNT=TyPR$（y=1，2）
	1	0	立即
	1	1	保留

位	定 义		说 明	
Bits2	SELCMP3	0	比较模式	第 3 个全比较单元
		1	PWM 模式	
Bits1	SELCMP2	0	比较模式	第 2 个全比较单元
		1	PWM 模式	
Bits0	SELCMP1	0	比较模式	第 1 个全比较单元
		1	PWM 模式	

表 3.8　　　　全比较动作控制寄存器 ACTR 各位的定义与说明

位	定 义		说 明	
Bits15	SVRDIR	0	空间矢量按顺时针方向（正）	
		1	空间矢量按逆时针方向（负）	
Bits14～Bits12	D2：1：0		空间矢量状态位（8 个状态）	
	CMP6ACT1	CMP6ACT0	比较模式	PWM 模式
	0	0	保持	强制低
Bits11～Bits10	0	1	复位	低有效
	1	0	置位	高有效
	1	1	触发	强制高
	CMP5ACT1	CMP5ACT0	比较模式	PWM 模式
	0	0	保持	强制低
Bits9～Bits8	0	1	复位	低有效
	1	0	置位	高有效
	1	1	触发	强制高
	CMP4ACT1	CMP4ACT0	比较模式	PWM 模式
	0	0	保持	强制低
Bits7～Bits6	0	1	复位	低有效
	1	0	置位	高有效
	1	1	触发	强制高
	CMP3ACT1	CMP3ACT0	比较模式	PWM 模式
	0	0	保持	强制低
Bits5～Bits4	0	1	复位	低有效
	1	0	置位	高有效
	1	1	触发	强制高
	CMP2ACT1	CMP2ACT0	比较模式	PWM 模式
	0	0	保持	强制低
Bits3～Bits2	0	1	复位	低有效
	1	0	置位	高有效
	1	1	触发	强制高
	CMP1ACT1	CMP1ACT0	比较模式	PWM 模式
	0	0	保持	强制低
Bits1～Bits0	0	1	复位	低有效
	1	0	置位	高有效
	1	1	触发	强制高

表 3.9 死区控制寄存器 DBTCON 各位定义及说明

位	定 义		说 明	
Bits15～Bits8	DBT7: 0		死去定时器周期值 DBTPR	
Bits7	EDBT3	0	第三个全比较单元不使用死区电路	PWM6/CMP6
		1	第三个全比较单元使用死区电路	PWM5/CMP5
Bits6	EDBT2	0	第二个全比较单元不使用死区电路	PWM4/CMP4
		1	第二个全比较单元使用死区电路	PWM3/CMP3
Bits5	EDBT1	0	第一个全比较单元不使用死区电路	PWM2/CMP2
		1	第一个全比较单元使用死区电路	PWM1/CMP1
	DBTPS1	DBTPS0	分频系数（F_2 是 CPU 时钟频率）	
	0	0	$F_2/1$	
Bits4～Bits3	0	1	$F_2/2$	
	1	0	$F_2/4$	
	1	1	$F_2/8$	
Bits2～Bits0	保 留			

在单比较单元开始工作前，首先要设置比较控制寄存器 COMCON 的 SELTMR 位，以决定是采用通用定时器 1 还是通用定时器 2 作为单比较单元的时基；然后，要使能比较控制寄存器 COMCON 的 SCOMPOE 位，使单位比较输出引脚处于工作状态；最后，要设置单比较寄存器重装条件（COMCON 的 SCLD1:0 位）、单比较动作控制寄存器重装条件（COMCON 的 SACTRLD1:0 位）以及单比较输出引脚的极性（单比较动作控制寄存器 SACTR）。

单比较单元的工作原理与通用定时器的比较输出原理完全一样，即由作为时基的通用定时器的周期寄存器实现 PWM 的调制频率（周期），由单比较单元的比较寄存器控制脉冲的宽度，从而得到所需要的调制波形。

• 首先选择通用定时器 Tz（z=1 或 2）作为单比较单元的时基，并设置它的计数模式。如果要产生连续 PWM 波形，计数模式设置为连续增或连续增/减计数模式，否则设置为单增或单增/减计数模式。

• 根据调制频率设置相应的定时周期寄存器 TzPR 的值，初始化计数寄存器 TzCNT 的值。然后，启动定时器。

• 按照脉宽的变化规律，设置当前的单比较寄存器 SCMPx（x=1，2，3）值。计数寄存器 TzCNT 按照计数模式进行计数，并与单比较寄存器 SCMPx 的值进行比较，若相等将发生单比较匹配事件，并在延迟 2 个 CPU 时钟后在中断标志寄存器 EVIFRA 的 SCMPxINT 位上置 1，同时使输出引脚 CMPy/PWMy（y=7，8，9）按设定的极性发生变化。

• 与上类似，计数寄存器 TzCNT 也同时与定时周期寄存器 TzPR 值进行比较，若相等将发生定时周期匹配事件，从而引发与通用定时器完全一致的相关操作。

• 按照在比较控制寄存器 COMCON 设置的单比较寄存器重载条件，为下一周期准备一个新的脉冲宽度。如此循环，得到需要的 PWM 波形。

在这里要说明的是，3 个单比较单元共用同一个通用定时器。因此，3 个单比较单元输出的 PWM 波形具有同样的调制周期（频率），但它们可有各自的脉宽变化规律。

2. 全比较单元

全比较单元结构框图如图 3.12 所示。

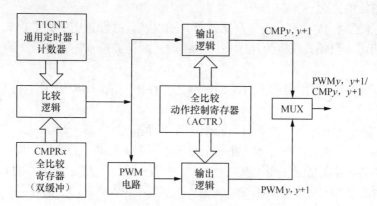

图 3.12 全比较单元结构框图

3 个全比较单元包括以下功能单元。

- 3 个 16 位比较寄存器（CMPRx，x=1，2，3），双缓冲结构。
- 3 个 16 位比较控制寄存器 COMCON，与单比较单元共享。
- 1 个 16 位动作控制寄存器 ACTR，双缓冲结构。
- 3 对输出引脚（三态）CMPy / PWMy 和（CMPy+1）/（PWMy+1）（y=1，3，5）。
- 内嵌一个 PWM 电路，包含非对称 / 对称波形发生器和空间矢量状态机。
- 内嵌一个 PWM 电路，包含非对称 / 对称波形发生器和空间矢量状态机。

与单比较单元一样，全比较单元的工作需要由通用定时器来配合，而且它只能由通用定时器 1 提供时基。此时的通用定时器 1 可以处于 6 种计数模式中的任何一种，但当通用定时器 1 处于定向增 / 减计数模式时，全比较单元的比较输出不发生变化。3 个全比较单元共用通用定时器 1 作为时基，它们的 PWM 输出波形具有同样的调制周期（频率），但它们可有各自的脉宽变化规律。

全比较单元的 6 个输出引脚是成对工作的，它们的输出极性正好是反向，即引脚 CMPy / PWMy（y=1，3，5）为高电平时，引脚（CMPy+1）/（PWMy+1）一定是低电平（不考虑死区）。这是为桥式电路所设计，当上桥臂开通时，下桥臂一定要关闭，否则将发生短路直通。

全比较单元有两种工作模式：比较模式和 PWM 模式。这两种模式的工作过程与通用定时器的比较输出操作基本一样，有所不同的地方在于以下内容。

- 比较模式的输出极性分为保持、复位、置位和触发（跳变），由全比较动作控制寄存器设置。
- PWM 模式的输出极性与通用定时器的一样，分为强制低、低有效、高有效和强制高，也是由全比较动作控制寄存器设置。但 PWM 模式的波形发生是经过一个内嵌 PWM 电路产生，在其中有一个死区产生电路和一个空间矢量状态机。死区产生电路用于上、下桥臂状态转换时（即输出发生跳变）增加一个无信号的死区时间，确保不发生短路直通现象。另外，空间矢量是一种新型的脉宽调制方案，有了空间矢量状态机将为这种调制方案的实现提供极大的方便。因此，PWM 模式对于桥式电路的实际应用提供一个更灵活的空间。

与单比较单元一样，全比较单元在开始工作前，首先要设置比较控制寄存器 COMCON

的相应位，以及全比较动作控制寄存器 ACTR 以确定比较输出引脚的极性等参数。全比较动作控制寄存器 ACTR 各位的组成如表 3.7 所示。各位的定义与说明见表 3.8。全比较单元工作原理与单比较单元的完全一样。

- 首先选择通用定时器 T1 作为全比较单元的时基，并设置它的计数模式，如果要产生连续 PWM 波形，计数模式设置为连续增或连续增 / 减计数模式，否则设置为单增或单增 / 减计数模式。

- 根据调制频率设置相应的定时周期寄存器 T1PR 的值，初始化计数寄存器 TlCNT 的值，然后启动定时器。

- 按照脉宽的变化规律，设置当前的全比较寄存器 CMPRx（$x=1$，2，3）值。计数寄存器 T1CNT 按照计数模式进行计数，并与全比较寄存器 CMPRx 的值进行比较，若相等将发生全比较匹配事件，并在延迟 2 个 CPU 时钟后在中断标志寄存器 EVIFRA 的 CMPxINT 位上置 1。同时使输出引脚 CMPy/PWMy 和（CMPy+1）/（PWMy+1）（$y=1$，3，5）按设定的极性发生变化。

- 与上类似，计数寄存器 T1CNT 也同时与定时周期寄存器 T1PR 值进行比较，若相等将发生定时周期匹配事件，从而引发与通用定时器完全一致的相关操作。按照在比较控制寄存器 COMCON 设置的全比较寄存器重载条件，为下一周期准备一个新的脉冲宽度。如此循环，得到需要的 PWM 波形。

3. PWM 电路

由于全比较单元是为桥式电路而设，它的 PWM 波形在实际应用时有其特点。针对这些特点，在全比较单元内嵌了一个 PWM 电路。下面首先介绍 PWM 电路结构示意图，然后介绍它的两个功能模块：死区产生电路和空间矢量状态机。图 3.13 所示为 PWM 电路的结构示意图，它包括：

- 非对称 / 对称波形发生器；
- 死区产生电路；
- 空间矢量状态机；
- 输出逻辑。

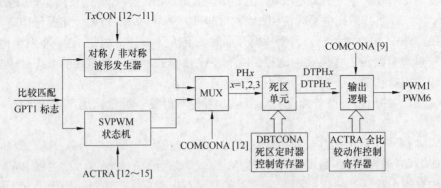

图 3.13 PWM 电路结构示意图

全比较单元是为图 3.14 所示的桥式电路而设计的。这种桥式电路是 DC—AC 变换控制系统中最常用的一种电路形式，广泛应用于电机控制、逆变器等大部分电力电子的控制系统中。

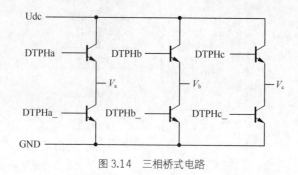

图 3.14 三相桥式电路

桥式电路在应用时最关键的是要保证每组桥密不能发生短路直通现象。这样一来，从输出逻辑上要保证当上桥臂开通时，下桥臂必须要关断，反之亦然。由于桥式电路出开关器件构成，它们的开通或关断需要一定的时间，因此，在上、下桥臂状态转换时，开关器件会有一个共处放大状态的交叉区间，从而导致短路直通现象的发生。为了避免这一点，就需要在上、下桥臂状态转换时插入一个无信号的死区时间，即确保先完全关断再开通。短路直通与死区如图 3.15 所示。

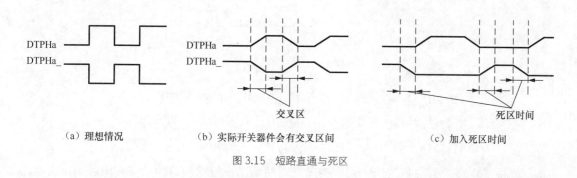

| （a）理想情况 | （b）实际开关器件会有交叉区间 | （c）加入死区时间 |

图 3.15 短路直通与死区

4. 死区产生电路

为了自动地在每对全比较输出单元加入无信号的死区，PWM 电路中有一个死区产生电路，如图 3.16 所示。该电路主要是对死区控制寄存器 DBTCON 进行读写。死区控制寄存器见表 3.5，其各位定义及说明见表 3.9。

为了使用死区产生电路，首先要设置死区控制寄存器 DBTCON 的 EDBTx（$x=1$，2，3）为 1；然后，根据需要的死区时间 δ（多少个 CPU 时钟周期）设量分频系数 k_δ（DBTCON 的 DBTPS1：0）和死区定时器的周期值 DBTPR（DBTCON 的 DBT 7：0），分频系数乘以死区定时器的周期值再乘以 CPU 时钟周期就是死区时间，即

$$\delta = k_\delta \times \text{DBTPR} / F_s \quad (F_s \text{ 是 CPU 时钟频率}) \tag{3.4}$$

5. 空间矢量状态机

空间矢量是一种针对三相交流电路的新型调制技术，与正弦波调制相比，可更有效地利用电源电压，减少电流谐波失真。下面介绍它的工作原理。

对于图 3.14 所示的三相桥式电路，假定它的负载是三相平衡负载，U_{dc} 是直流侧电压，V_a、V_b 和 V_c 是输出的三相相电压，V_{ab}、V_{bc} 和 V_{ca} 是输出的三相线电压。不失一般性，可假定它们之间有如下关系：

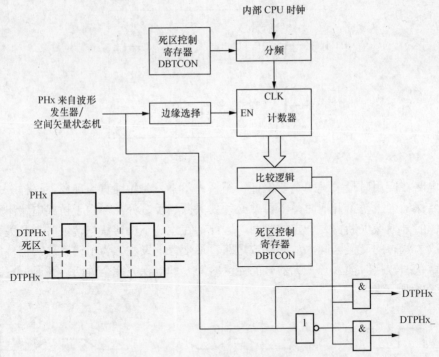

图 3.16 死区产生电路

$$\begin{cases} V_a = V_m \sin \omega t \\ V_b = V_m \sin(\omega t + 120°) \\ V_c = V_m \sin(\omega t - 120°) \end{cases} \qquad \begin{cases} V_{ab} = \sqrt{3}V_m \sin(\omega t + 30°) \\ V_{bc} = \sqrt{3}V_m \sin(\omega t + 120° + 30°) \\ V_{ca} = \sqrt{3}V_m \sin(\omega t - 120° - 30°) \end{cases} \qquad (3.5)$$

三相桥式电路的目的是按一定规律控制三对桥臂晶体管的通、断。将直流侧电压 $E = V_{dc}$ 变为三相正弦电压 V_a、V_b 和 V_c 输出。前已说明，桥式电路的上、下桥臂晶体管的通断状态是互为反向的。因此，三相桥式电路各桥臂的通断状态只有 8 种可能，如表 3.10 所示。其中 V_{ab}、V_{bc}、V_{ca} 和 V_a、V_b 和 V_c 与桥臂的通断状态有如下关系：

$$\begin{bmatrix} V_{ab} \\ V_{bc} \\ V_{ca} \end{bmatrix} = R \begin{bmatrix} 1 & -1 & 0 \\ 0 & 1 & -1 \\ -1 & 0 & 1 \end{bmatrix} \begin{bmatrix} a \\ b \\ c \end{bmatrix} \qquad \begin{bmatrix} V_a \\ V_b \\ V_c \end{bmatrix} = \frac{1}{3}E \begin{bmatrix} 2 & -1 & -1 \\ -1 & 2 & -1 \\ -1 & -1 & 2 \end{bmatrix} \begin{bmatrix} a \\ b \\ c \end{bmatrix} \qquad (3.6)$$

为了更方便地分析三相交流电路，常常将三相坐标系变换为二相坐标系（详情参见有关电机模型及坐标变换方面的书），即

$$\begin{bmatrix} V_\alpha \\ V_\beta \end{bmatrix} = \sqrt{\frac{2}{3}} \begin{bmatrix} 1 & -1/2 & -1/2 \\ 0 & \sqrt{3}/2 & -\sqrt{3}/2 \end{bmatrix} \begin{bmatrix} V_a \\ V_b \\ V_c \end{bmatrix} \qquad (3.7a)$$

$$\begin{bmatrix} V_a \\ V_b \\ V_c \end{bmatrix} = \sqrt{2/3} \begin{bmatrix} 1 & 0 \\ -1/2 & \sqrt{3}/2 \\ -1/2 & -\sqrt{3}/2 \end{bmatrix} \begin{bmatrix} V_\alpha \\ V_\beta \end{bmatrix} \qquad (3.7b)$$

表 3.10　　　　　　　　　三相桥式电路各桥臂的通断状态与输出电压

a	b	c	$V_a(E)$	$V_b(E)$	$V_c(E)$	$V_{ab}(E)$	$V_{bc}(E)$	$V_{ca}(E)$	$V_\alpha(E)$	$V_\beta(E)$	$V_a(E)/V_\beta(E)$
0	0	0	0	0	0	0	0	0	0	0	0
0	0	1	$-1/3$	$-1/3$	$2/3$	0	-1	1	$-1/\sqrt{6}$	$1/\sqrt{2}$	$\sqrt{2/3}\ \angle240°$
0	1	0	$1/3$	$2/3$	$-1/3$	-1	1	0	$-1/\sqrt{6}$	$1/\sqrt{2}$	$\sqrt{2/3}\ \angle120°$
0	1	1	$-2/3$	$1/3$	$1/3$	-1	0	1	$-\sqrt{2/3}$	0	$\sqrt{2/3}\ \angle180°$
1	0	0	$2/3$	$-1/3$	$-1/3$	1	0	-1	$\sqrt{2/3}$	0	$\sqrt{2/3}\ \angle0°$
1	0	1	$1/3$	$-2/3$	$1/3$	1	-1	0	$1/\sqrt{6}$	$-1/\sqrt{2}$	$\sqrt{2/3}\ \angle300°$
1	1	0	$1/3$	$1/3$	$-2/3$	0	1	-1	$1/\sqrt{6}$	$1/\sqrt{2}$	$\sqrt{2/3}\ \angle60°$
1	1	1	0	0	0	0	0	0	0	0	0

由于 $V_a+V_b+V_c=0$，所以 V_a、V_b、V_c 与 V_α、V_β 之间可以按上面两个公式进行一一变换。按照这个关系可分别求出表 3.10 中 8 种状态三相电压矢量 V_a、V_b、V_c 对应的 V_α 与 V_β，然后将得到的 V_α 与 V_β 合成为一个电压矢量（称为空间矢量）在二相坐标系中表示出来，如图 3.17 所示，其中（0，0，0）与（1，1，1）两种状态为无效状态，对应于原点，其余 6 种状态为有效状态按 60°。均匀分布在一个圆周上。

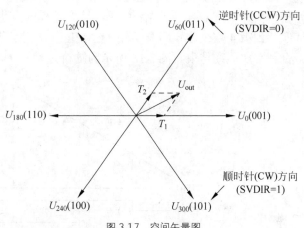

图 3.17　空间矢量图

用二相坐标系代替三相坐标系，为分析三相平衡式电路带来了很大的方便。因为，在二相坐标系中的一个电压矢量 V，与某时刻的三相电压 V_a、V_b、V_c 是一一对应的，即将 V 分解为 V_α 与 V_β，然后按照上面的式（3.7b）就可得到该时刻的三相电压 V_a、V_b、V_c。电压矢量 V 在二相坐标系的旋转频率就是三相电压的频率。结合空间矢量图可以得到结论：任意时刻的三相电压 V_a、V_b、V_c（即电压矢量 V）可由两个相邻的空间矢量合成而成，当电压矢量 V 沿着逆时针或顺时针方向旋转时，空间矢量由一个有效状态转移到另一个有效状态，从而产生连续的三相电压。这也是称为空间矢量状态机的原因。电压矢量 V 与二个相邻有效状态的关系可用下述公式表示：

$$V = \frac{T_x}{T_P}U_x + \frac{T_{x\pm60}}{T_P}U_{x\pm60} + \frac{T_o}{T_p}(O_{000} \text{ 或 } O_{111}) \tag{3.8}$$

式中，T_p 是调制周期；T_z 是空间矢量 U_x 持续的时间；$T_{x\pm60}$ 间矢量 $U_{x\pm60}$ 的时间；$T_o=T_p-T_Z-T_{x\pm60}$ 矢量 O_{000} 或 O_{111} 持续的时间；T_x 与 $T_{x\pm60}$ 事先算好做成表存到存储器中。

经过前面的讨论可以得知，以空间矢量的方法产生 PWM 波形，需要一个定时周期寄存器 T1PR 来控制调制周期（T_p），需要二个比较寄存器 CMPR1 和 CMPR2 来控制有效状态 U 和 $U_{x\pm60}$ 持续时间（T_x 和 $T_{x\pm60}$）。因此它的步骤如下。

- 按照输出极性的要求，设置全比较动作控制寄存器 ACTR 的 CMPyACT1：0（y=1，2，3，4，5，6）。不失一般性，将它们均设为"高有效"。
- 将比较控制寄存器 COMCON 的 CEnable、SVEnable、FCOMPOE 置为 1；将全比较寄存器 CMPR 和全比较动作控制寄存器 ACTR 的重载条件设为下溢事件。
- 置通用定时器 1 的计数模式为连续增／减模式；将定时周期寄存器 T1PR 的值设为 T_p／2。
- 确定当前空间矢量 U_x 对应的状态编码（见表 3.10 中的 cba），并将它写到全比较动作控制寄存器 ACTR 的 D2：1：0 上。
- 根据当前空间矢量是逆时针转还是顺时针转，设置全比较动作控制寄存器 ACTR 的 SVRDIR，以此确定与 U_x 组合的空间矢量是 U_{x+60} 还是 U_{x-60}。
- 如果是逆时针转，将 T_p／2 写入 CMPR1，将（T_p／2+$T_{x±60}$）写入 CMPR 2 中；如果是顺时针转，将 $T_{x±60}$ 写入 CMPR1，将（T_x／2+$T_{x±60}$）写入 CMPR2 中。这样在第 1 次全比较匹配事件（CMPR1）前，3 个全比较单元输出状态 U_x；第 1 次全比较匹配发生后，3 个全比较单元输出变为状态 U_{x+60} 直到第 2 次全比较匹配事件（CMPR2）发生；随后，3 个全比较单元输出变为状态 O_{000} 或 O_{111}；由于连续增减模式产生对称 PWM 波形，所以状态 U_{x+60} 状态继续保持到第 4 次全比较匹配事件（CMPR1）发生；最后，3 个全比较单元输出状态回到 U_x，一直到本次周期结束。图 3.18 所示为这个过程。

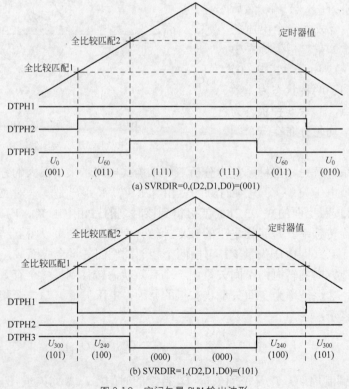

图 3.18　空间矢量 PWM 输出波形

- 根据死区时间设置死区控制寄存器 DBTCON。

空间矢量 PWM 输出的生成中只用到了两个全比较寄存器。为了保证空间矢量状态机正常运转，这两个全比较寄存器的值必须满足：

$$CMP1 \leqslant CMP2 \leqslant T1PR \qquad (3.9)$$

如果 $CMPR1 = CMPR2 = 0$，则 3 组桥臂处于关断状态。此外，要注意空间矢量状态机有附加延时，即在空间矢量 PWM 模式中全比较输出跳变会被延时两个 CPU 时钟周期。

对于没有用于空间矢量 PWM 产生的第 3 个全比较寄存器，还可以被使用，因为它也一直也在和通用定时器 1 进行比较。如果它发生比较匹配，并且相应的比较中断标志未被屏蔽且同组中没有其他未被屏蔽的更高优先级的中断被挂起，该标志将被置位并且发出中断请求。因此，没有用于空间矢量 PWM 输出形成的那个比较寄存器仍可以用于特定应用中定时事件的发生。

3.1.3 捕获单元

捕获单元是一种输入设备，用于捕获引脚上电平的变化并记录它发生的时刻。普通的微处理器能做到这一点，但需要由 CPU 完成判断和记录工作，占用了 CPU 的资源。另外，对于二次间隔很短的跳变（微秒级）的捕获，普通的微处理器就显得力不从心。DSP 控制器的捕获单元不需要占用 CPU 的资源，与 CPU 并行工作。它有二级 FIFO 堆栈缓冲器，对于二次间隔很短的跳变的捕获得心应手。下面详细介绍它的结构、原理及使用方法。

DSP 控制器共有 4 个捕获单元，图 3.19 所示为结构示意图。

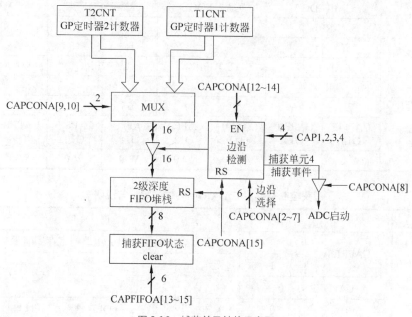

图 3.19 捕获单元结构示意图

捕获单元包含：

1 个 16 位捕获控制寄存器 CAPCON；

1 个 16 位捕获 FIFO 状态寄存器 CAPF1FO（其高 8 位只读，而低 8 位只写），可选择通用定时器 2 或 3 作为时基；

4 个 16 位二级 FIFO 堆栈，对应于每一个捕获单元；

4 个施密特触发式的捕获输入引脚 CAP1、CAP2、CAP3 和 CAP4，对应于每一个捕获单元。其中引脚 CAP1 与 CAP2 是功能复用的，也是正交编码脉冲电路（QEP）的两个输入引脚。

捕获单元不停地检测捕获输入引脚的跳变，为了可靠地捕获到引脚的上跳变信号，该跳变信号至少需保持两个 CPU 时钟的时间。这个跳变可以是上升沿、下降沿或者双沿。由捕获控制寄存器 CAPCON 来规定。捕获单元 1 和 2 共用一个通用定时器作为时基，捕获单元 3 和 4 共用一个通用定时器作为时基。这个通用定时器可以是 2 或 3。通用定时器用作捕获单元的时基时，并不影响它原来的功能，它仍然可以实现通用定时器的"定时"或"比较 / PWM 输出"。

捕获控制寄存器 CAPCON 各位的组成如表 3.11 所示，表 3.12 所示为它各位的定义与说明。捕获 FIFO 状态寄存器 CAPFIFO 各位的组成如表 3.11 所示，表 3.13 所示为它各位的定义与说明。

表 3.11　　　　捕获控制寄存器 CAPCON 和捕获 FIFO 状态寄存器 CAPFIFO

地址	寄存器	位　　　数							
7020h	CAPCON	15	14	13	12	11	10	9	8
		CAPRES	CAPQEPN		CAP3EN	CAP4EN	CAP34T SEL	CAP34T SEL	CAP4TO ADC
		RW-0	RW-0	RW-0	RW-0	RW-0	RW-0	RW-0	RW-0
		7	6	5	4	3	2	1	0
		CAP1EDGE	CAP2EDGE		CAP3EDGE		CAP4EDGE		
		R-0	RW-0		RW-0		RW-0		
7022h	CAPFIFO	15	14	13	12	11	10	9	8
		CAP4FIFO		CAP3FIFO		CAP2FIFO		CAP1FIFO	
		R-0		R-0		R-0		R-0	
		7	6	5	4	3	2	1	0
		CAPFIF O15	CAPFIF O14	CAPFIF O13	CAPFIF O12	CAPFIF O11	CAPFIF O10	CAPFIF O9	CAPFIF O8
		W-0	W-0	W-0	W-0	W-0	W-0	W-0	W-0

表 3.12　　　　　　　　捕获控制寄存器 CAPCON 各位的定义与说明

位	定　　义		说　　明
Bits15	CAPRES	0	将所有捕获单元和 QEP 电路的寄存器清零
		1	无作用
Bits14～Bits13	CAPQEPN1：0		
	0	0	关闭捕获单元 1、2 和 QEP 电路，FIFO 堆栈内容不变
	0	1	开启捕获单元 1、2，但关闭 QEP 电路
	1	0	保留
	1	1	开启 QEP 电路，但关闭捕获单元 1、2
Bits12	CAP3EN	0	关闭捕获单元 3，FIFO 堆栈内容不变
		1	关启捕获单元 3
Bits11	CAP4EN	0	关闭捕获单元 4，FIFO 堆栈内容不变
		1	关启捕获单元 4

位	定 义		说 明
Bits10	CAP34TS EL	0	选通用定时器 2 作为捕获单元 3、4 的时基
		1	选通用定时器 3 作为捕获单元 3、4 的时基
Bits9	CAP12TS EL	0	选通用定时器 2 作为捕获单元 1、2 的时基
		1	选通用定时器 3 作为捕获单元 1、2 的时基
Bits8	CAP4TO ADC	0	无作用
		1	当 CAP4INT 标志位置 1 时，启动 A/D 转换
Bits7～Bits6	CAP1EDGE1：0		捕获单元 1 的边沿检测
	0	0	不检测
	0	1	检测上升沿
	1	0	检测下降沿
	1	1	检测双沿
Bits5～Bits4	CAP2EDGE1：0		捕获单元 2 的边沿检测
	0	0	不检测
	0	1	检测上升沿
	1	0	检测下降沿
	1	1	检测双沿
Bits3～Bits2	CAP3EDGE1：0		捕获单元 3 的边沿检测
	0	0	不检测
	0	1	检测上升沿
	1	0	检测下降沿
	1	0	检测双沿
Bits1～Bits0	CAP4EDGE1：0		捕获单元 4 的检测
	0	0	不检测
	0	1	检测上升沿
	1	0	检测下降沿
	1	1	检测双沿

表 3.13   捕获 FIFO 状态寄存器 CAPFIFO 各位的定义与说明

位	定 义		说 明	位	定 义		说 明
Bits15～Bits14	CAP4FIFO1：0		CAP4FIFO 的状态，只读	Bits9～Bits8	0	1	1 个值
					1	0	2 个值
	0	0	空		1	1	2 个值，但前面有值被挤出堆栈
	1	1	2 个值，但前面有值被挤出堆栈	Bits7	CAPFIFO15（只写）	0	无作用
						1	清本寄存器的 Bits15

续表

位	定 义		说 明	位	定 义		说 明
	CAP3FIFO1：0		CAP3FIFO 的状态，只读	Bits6	CAPFIFO14（只写）	0	无作用
						1	清本寄存器的 Bits14
Bits13~Bits12	0	0	空	Bits5	CAPFIFO13（只写）	0	无作用
	0	1	1 个值			1	清本寄存器的 Bits13
	1	0	2 个值	Bits4	CAPFIFO12（只写）	0	无作用
	1	1	2 个值,但前面有值被挤出堆栈			1	清本寄存器的 Bits12
	CAP2FIFO1：0		CAP2FIFO 的状态，只读	Bits3	CAPFIFO11（只写）	0	无作用
	0	0	空			1	清本寄存器的 Bits11
Bits11~Bits10	0	1	1 个值	Bits2	CAPFIFO10（只写）	0	无作用
	0	1	2 个值			1	清本寄存器的 Bits10
	1	0	2 个值,但前面有值被挤出堆栈	Bits1	CAPFIFO9（只写）	0	无作用
						1	清本寄存器的 Bits9
Bits9~Bits8	CAP1FIFO1：0		CAP1FIFO 的状态，只读	Bits0	CAPFIFO8（只写）	0	无作用
	0	0	空			1	清本寄存器的 Bits8

当捕获输入引脚发生跳变时,捕获单元将该时刻的时基的计数寄存器 $TxCNT$（$x=2$ 或 3）的值装入相应的 FIFO 堆栈中。捕获单元的 FIFO 堆栈是二级先进先出的堆栈,可以装入两个值,第三个值装入时,会将第一个值挤出堆栈。FIFO 堆栈的状态何以从捕获 FIFO 状态寄存器 CAPFIFO 中得知;

第一次捕获:当捕获单元的输入引脚出现指定的跳变时,捕获单元就将捕获到的时基计数寄存器的值写入空栈的顶层寄存器 F1FOx（$x=1$，2，3，4）中。与此同时,FIFO 状态寄存器 CAPFIFO 相应的状态位 CAPxFIFO1：0（$x=1$，2，3，4）被置成（01）。如果在下一次捕获前对 FIFO 堆栈顶层寄存器进行了读访问,则状态位 CAPxFIFO1：0 被复位为（00）。FIFO 堆栈又成为空栈。

第二次捕获:如果在 FIFO 堆栈顶层寄存器被读取之前产生了另一次捕获,则新捕获的时基计数寄存器的值送至底层寄存器。与此同时,相应的状态位 CAPxFIF01：0 置成（10）。若在再一次捕获发生前,对 FIFO 堆钱顶层寄存器 FIFOx 进行读访问,则顶层寄存器中的旧值被读出,底层寄存器中的新值被弹入顶层寄存器,并且相应的状态位 CAPxFIFO1：0 将置成（01）。若此时再发生捕获,FIFO 堆栈不会溢出。

第三次捕获:如果发生了二次捕获而又未进行顶层寄存器 FIFOx 的读访问,此时若再发生捕获,则位于堆栈顶层寄存器中的旧值将被挤出丢弃,而堆栈底层寄存器中的值将被弹入顶层寄存器，新捕获的时基计数寄存器的值将被写入底层寄存器，并且状态位 CAP*x*FIFO1：0 置成（11），以表明已经丢弃了一个或多个捕获计数器值。

当捕获单元捕获到输入引脚的跳变时，除了将时基计数寄存器 T*x*CNT（*x*=2 或 3）的值装入相应的 FIFO 堆栈外，还将产生捕获事件，在中断标志寄存器 EVIFRC 的 CAP*x*INT（*x*=1，2，3，4）上置 1，若是捕获单元 4 产生了捕获事件，还可以启动 A/D 转换，这为外部事件与 A/D 转换同步提供了途径。

为使捕获单元正常工作，应完成以下寄存器配置。

- 初始化 CAPFIFO，将适当的状态位清零。
- 设置时基通用定时器的控制寄存器 T2CON 或 T3CON，确定它的计数模式。
- 如有必要，应设置相关的通用定时器比较寄存器或者通用定时器周期寄存器。
- 设置捕获控制寄存器 CAPCON。

3.1.4 正交编码脉冲电路

许多运动控制系统都需要有正反两个方向的运动。为了对位置、速度进行控制，必须要测试出当前的运动方向。图 3.20 所示为正交编码脉冲（QEP）的原理图，图中的方孔可以透过光电信号，两排方孔在位置上差 90°相位。这样，通过两组脉冲的相位（上升沿的前后顺序）可以判断出运动的方向，通过记录脉冲的个数可以确定具体的位置，通过记录确定周期的脉冲个数可以计算出运动的速度。对于旋转运动，可以采用类似的光电码盘。

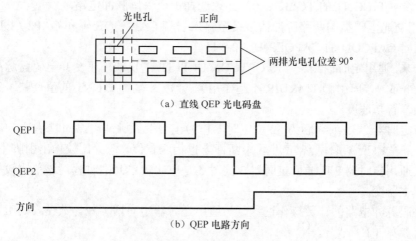

（a）直线 QEP 光电码盘

（b）QEP 电路方向

图 3.20 正交编码脉冲的原理图

DSP 控制器内置正交编码脉冲电路，可自动识别由外部引脚上输入的正交编码脉冲的方向，记录脉冲的个数，这为运动控制、伺服控制的实现提供了方便。图 3.21 所示为正交编码脉冲电路结构图。

正交编码脉冲电路的输入引脚 CAP1/QEP1 和 CAP2/QEP2 与捕获单元 1、2 的输入引脚复用，由捕获控制器 CAPCON 的 CAPQEPN1：0 来设定。正交编码脉冲电路中的译码逻辑模块将自动分辨出正交编码脉冲的方向，并将该方向和编码脉冲组成的时钟送至通用定时器 2 或通用定时器 3。具体使用步骤如下。

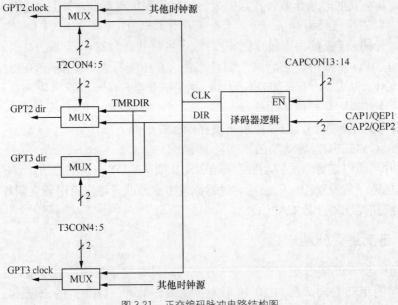

图 3.21 正交编码脉冲电路结构图

● 选择时基。通用定时器 2 或通用定时器 3 可以单独作为正交编码脉冲电路的时基，也可以级联为 32 位定时器作为正交编码脉冲电路的时基。作为正交编码脉冲电路的时基时，它们的计数模式（TxCON 的 TMODE2：1：0，x＝2 或 3）必须设置为定向增／减计数模式，它们的时钟源（TxCONT 的 TCLK1：0）必须选择正交编码脉冲电路。

● 将正交光电码盘的两路脉冲信号接至输入引脚 CAP1／QEP1 和 CAP2／QEP2 上。设定捕获控制器 CAPCON 的 CAPQEPN1：0＝11。

这样一来，通用定时控制寄存器 GPTCON 的 TxSTAT 反映了正交光电码盘脉冲信号的方向（此时，外部的方向引脚 TMRDIR 不起作用），计数寄存器 TxCNT 的值反映了正交正光电码盘对应的位置与速度。

当通用定时器 2、3 或级联为 32 位定时器作为正交编码脉冲电路的时基时，其比较匹配、周期匹配、上溢、下溢事件照常产生，中断标志也相应置位，但其比较输出引脚不产生跳变。另外，如果通用定时器 2 或通用定时器 3 同时还是单比较单元的时基，该单比较单元的输出引脚也不产生跳变。

正交解码脉冲电路的计数操作过程、与通用定时器定向增／减计数模式的工作过程完全一样，详情参见 3.1.1 小节。

3.2 模/数转换模块

在自动控制系统中，被控制或被测量的对象，如温度、压力、流量、速度等都是连续变化的物理量，这种连续变化的物理量是指在时间上和数值上都连续变化的量，也就是我们常说的模拟量。这种模拟量的数值和极性可以由传感器进行测量，通常以模拟电压或电流的形式输出。当用单片机参与测量时，必须将它们转变为数字量才能被单片机接受。能够将模拟量转换为数字量的器件称为模/数转换器，简称 ADC 或 A/D。单片机计算结果是数字量，不能直接用于控制执行部件，需要先把它转换为模拟量才能用于控制。这种能将数字量转换为模拟量的器件称为数/模转换器，简称 DAC 或 D/A。早期的单片机只提供数字 I/O 端口，只能直接处理数字信号，需处理模拟信号时必须外接模数转换芯片。随着芯片集成技术的提高，许多单片机已将模/数转换的功能集成到片内外设中，使其不需增加其他外围芯片就能直接处理模拟信号，简化单片机系统的设计，拓宽了它的应用领域。

普通 MCS-51 系列单片机没有模/数转换模块，但某些子系列具有模/数转换模块，如 8XC51GX 子系列有 8 个模拟输入通道，8XC51SL 系列有 4 个模拟输入通退。MCS-96 系列单片机带有一个 10 位的模/数转换模块和多路模拟开关电路，可采集最多 8 路模拟量数据。许多 MOTOROLA 单片机也具有模/数转换功能。本书介绍的 DSP 控制器内带两个 10 位模/数转换器，共 16 个模拟输入通道，可并行处理 2 路模拟输入量，每个模/数转换器的最快转换时间是 6.6μs。

3.2.1　结构概述

DSP 控制器的模/数转换模块包括两个独立的模/数转换器，每个模/数转换器带有一个内部采样/保持电路和一个 10 位双积分型的转换器。每个模/数转换器可接 8 个模拟输入通道，这 8 个模拟输入通过多路转换开关（MUX）提供给每个模/数转换器。每个模/数转换器每次只能转换 1 个模拟输入，但两个独立的模/数转换器可以同时转换 2 个模拟输入。DSP 控制器的模/数转换模块的结构如图 3.22 所示。

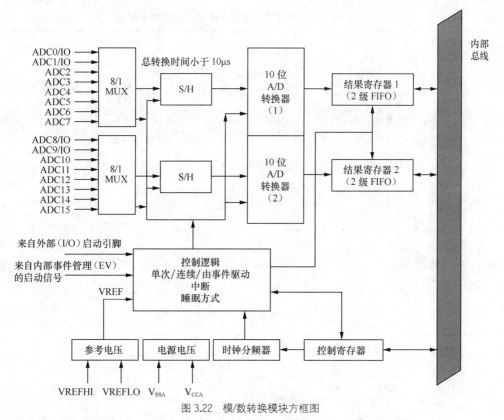

图 3.22　模/数转换模块方框图

与模/数转换模块有关的引脚如下。

- ADC0～ADC15：16 个模拟输入通道。引脚 ADC0～ADC7 属于第 1 个模/数转换器，引脚 ADC8～ADC15 属于第 2 个模/数转换器。其中 ADC0、ADC1、ADC8、ADC9 与数字 I/O 复用，即可作模拟输入也可作数字 I/O，由 I/O 多路控制寄存器 OCRA 指定。另外，要注意这 4 个引脚的转换精度低于其他模拟输入引脚。

- V_{REFHI} 和 V_{REFLO}：模拟基准电压引脚。模/数转换的结果是相对于基准电压而言的，为得到较高的转换精度，模拟基准电压必须要稳定而且有较小的纹波。模/数转换模块的基准电压由外部提供，通常 V_{REFLO} 连接到模拟地，V_{REFHI} 接到小于或等于 5V 的基准电压上。

- V_{CCA} 和 V_{SSA}：模拟电源引脚。V_{CCA} 和 V_{SSA} 分别接到 5V 直流电源和模拟地上。为了减少干扰的影响，最好将模拟地与数字地隔离。

与模/数转换模块相关的寄存器如下。

- 每个模/数转换器都有一个 2 级深的 FIF0 结果寄存器 ADCFIFOx（$x=1$，2），它可以先后存放二次的转换结果，当第三个结果进来时将把第 1 个结果挤出。由于采用 2 级深的 FIFO 的存储方式，有了缓冲的读取时间，因此对于连续快速的模拟数据采集非常有用。

- 两个模/数转换控制寄存器。其中，第 1 个控制寄存器 ADCTRL1 规定采用什么样的信号启动模/数转换，指出模/数转换是否已完成，设置对哪路通道的模拟输入进行转换等；第 2 个控制寄存器 ADCTRL2 设置模/数转换时钟的分频系数，给出 2 级深 FIFO 结果寄存器的状态等。两个模/数转换控制寄存器及 2 级深 FIFO 结果寄存器说明如表 3.14 所示，两个模/数转换控制寄存器各位定义与说明如表 3.15、表 3.16 所示。

表 3.14　　　　　　　　模/数转换控制寄存器及 2 级深 FIFO 结果寄存器说明

地址	寄存器	位 数							
		15	14	13	12	11	10	9	8
		Suspend	Suspend	ADCIM START	ADC2EN	ADC1EN	ADCCO NRUN	ADCINT EN	ADCINT FLAG
		RW-0	RW-0	RW-0	RW-0	RW-0	RW-0	RW-0	RW-0
7032h	ADCTRL1	7	6	5	4	3	2	1	0
		ADCEOC	ADC2CHSEL			ADC1CHSEL			ADCSOC
		R-0	SRW-0			SRW-0			SRW-0
		15	14	13	12	11	10	9	8
		Reserved					ADCEVS OC	ADCECT SOC	Reserved
7034h	ADCTRL2						SRW-0	SRW-0	
		7	6	5	4	3	2	1	0
		ADCFIFO2		Reserved	ADCFIFO1		ADCPSCALE		
		R-0			R-0		SRW-0		
		15	14	13	12	11	10	9	8
		D9	D8	D7	D6	D5	D4	D3	D2
7036h	ADCFIFO1	R-0	R-0	R-0	R-0	R-0	R-0	R-0	R-0
7038h	ADCFIFO2	7	6	5	4	3	2	1	0
		D1	D0	0	0	0	0	0	0
		R-0	R-0	R-0	R-0	R-0	R-0	R-0	R-0

表 3.15   模/数转换控制寄存器 ADCTRL1 各位定义与说明

位	定　义		说　明
Bits15	Suspend-soft （该位无阴影）	0	当 Suspend-feel=0 时，立即停止
		1	在停止仿真前完成转换
Bits14	Suspend-free （该位无阴影）	0	按照 Suspend-soft 进行运行
		1	在仿真器悬挂期间保持运行
Bits13	ADCIMSTART（该位无阴影）	0	无操作
		1	立即启动转换
Bits12	ADC2EN（模/数转换器 2 的 使能/禁止位，该位有阴影）	0	关闭模/数转换器 2，不发生采样/保持/转换，数据寄存 器 FIFO2 将不发生变化
		1	使能模/数转换器 1
Bits11	ADC1EN（模/数转换器 1 的 使能/禁止位，该位有阴影）	0	关闭模/数转换器 1，不发生采样/保持/转换，数据寄存 器 FIFO1 将不发生变化
		1	使能模/数转换器 1
Bits10	ADCCONRUN（该应有阴影）	0	无操作
		1	连续转换模式
Bits9	ADCINTEN（中断允许位， 该位有阴影）	0	屏蔽模/数转换中断 ADCINTEN
		1	允许模/数转换中断 ADCINTEN
Bits8	ADCINTFLAG（中断标志位， 该位无阴影）	0	无中断事件发生
		1	产生了一个中断事件
Bits7	ADCEOC（数/模转换状态位， 该位无阴影）	0	转换结束
		1	转换正在进行
Bits6～ Bits4	ADC2CHSEL（该位有阴影）		选择模/数转换器 2 的通道
	0	0　0	通道 9
	0	0　1	通道 10
	0	1　0	通道 11
	0	1　1	通道 12
	1	0　0	通道 13
	1	0　1	通道 14
	1	1　0	通道 15
	1	1　1	通道 16
Bits3～ Bits1	ADC1HSEL（该位有阴影）		选择模/数转换器 1 的通道
	0	0　0	通道 1
	0	0　1	通道 2
	0	1　0	通道 3
	0	1　1	通道 4
	1	0　0	通道 5
	1	0　0	通道 6

位	定 义			说 明
Bits3~ Bits1	1	1	1	通道 7
	1	1	1	通道 8
Bits0	ADCSOC（模/数转换自动位，该位有阴影）	0		无操作
		1		启动转换

表 3.16　　　　　　模/数转换控制寄存器 2（ADCTRL2）各位定义与说明

位	定 义			说 明
Bits15~ Bits11	保 留			读操作不确定，写操作无效
Bits10	ADCEVSOC（事件管理器 SOC 屏蔽位，该位有阴影）	0		禁止由事件管理器同步启动模/数转换
		1		允许由事件管理器同步启动模/数转换
Bits9	ADCEXTSOC（外部信号屏蔽位，该位有阴影）	0		禁止由外部信号同步启动模/数转换
		1		允许由外部信号同步启动模/数转换
Bits8	保 留			操作不确定，写无效
	ADCFIFO2			数据寄存器 ADCFIFO2 的状态，该位无阴影
Bits7~ Bits6	0		0	寄存器 ADCFIFO2 空
	0		1	寄存器 ADCFIFO2 有 1 个结果
	1		0	寄存器 ADCFIFO2 有 2 个结果
	1		1	寄存器 ADCFIFO2 有 2 个结果，并第 1 个结果被丢弃
Bits5	保 留			操作不确定，写无效
	ADCFIFO1			寄存器 ADCFIFO1 空
Bits4~ Bits3	0		0	寄存器 ADCFIFO1 有 1 个结果
	0		1	寄存器 ADCFIFO1 有 2 个结果
	1		0	发送接收的字符到 SCIRXEMU 和 SCIRXBUF
	1		1	寄存器 ADCFIFO1 有 2 个结果，并第 1 个结果被丢弃
	ADCFSCALE			模/数转换输入时钟分频系数（原定标因子值）
Bits2~ Bits0	0	0	0	4
	0	0	1	6
	0	1	0	8
	0	1	1	10
	1	0	0	12
	1	0	1	16
	1	1	0	20
	1	1	1	32

3.2.2 模/数转换控制与操作

DSP 控制器模/数转换控制与操作的步骤如下。

- 设置模/数转换控制寄存器 ADCTRL1 的 ADClCHSEL 或 ADC 2CHSEL，要转换的模拟输入通道。

- 如果由软件立即启动转换，则设置模/数转换控制寄存器 ADCTRL1 的 ADCIMSTART 为 1；如果希望由片内事件管理中断同步启动转换，则设置模/数转换控制寄存器 ADCTRL2 的 ADCEVSOC 为 1（参见 3.1 节）；如果希望由片外引脚 ADCSOC/IOPCO 同步启动转换，则设置模/数转换控制寄存器 ADCTRL2 的 ADCEXTSOC 为 1。

- 模/数转换是否完成，可以测试模/数转换控制寄存器 ADCTRL1 的 ADCEOC 是否为 0。如果不为 0，表示还在转换。

- 如果模/数转换完成，会在模/数转换控制寄存器 ADCTRL1 的中断标施位 ADCINTFLAG 置 1。如果模/数转换控制寄存器 ADCTRL1 的中断屏蔽位 ADCINTEN 为 1，则该中断将向 CPU 发出请求信号；否则，该中断不起作用。模/数转换控制寄存器 ADCTRL1 的中断屏蔽位 ADCINTEN 是阴影缓冲位，在转换期间写入时它不会马上见效，需等到下次转换时才起作用。

- 当模/数转换完成后，读取结果寄存器前，最好先读取模/数转换控制寄存器 ADCTRL2 的 ADCFIFO1 或 ADCFIFO2。以确定当前结果寄存器的状态，保证读取的结果是正确的。另外，要注意 10 位的转换结果是放在结果寄存器的高 10 位上。该 10 位数据与外部模拟输入电压的关系为

$$10位数字结果=1023\times\frac{输入电压}{基准电压}$$

为了确保转换的精度，模/数转换的时间有一定的限制，必须大于 $6\mu s$。模/数转换的时间是由时钟源模块的 SYSCIK 经分频器产生。SYSCIK 是 CPU 时钟的 2 分频或 4 分频，由时钟控制寄存器 CXCR0 的 PLLPM 设置（参见 2.7 节）。分频器的分频系数由模/数转换控制寄存器 ADCTRL2 的 ADCPSCALE 设置。它们之间需满足

$$SYSCLK 的周期\times分频系数\times6\geqslant6\mu s$$

如果将模/数转换控制寄存器 ADCTRL1 的 ADCCONRUN 设置为 1，模/数转换将进入连续转换模式，不再需要启动信号。这种方式对于连续快速的数据采集非常有用。该位是阴影位，若在转换期间进行了修改不能马上见效，需等到下次转换时才起作用。

3.3 SCI 串行通信接口模块

计算机与外界交换信息称为通信，通信有两种基本方式：并行通信和串行通信。并行通信就是数据的各位在多根传输线上同时从发送端传送到接收端。并行通信的优点是控制简单传送速度快；缺点是使用的传输线多，通信成本高，特别是随着通信距离的增加，通信成本和可靠性将成为最突出的问题。因此并行通信适用于近距离、高速数据传输的场合。

当通信双方距离较远时，一般采用串行通信方式，串行通信就是数据在一根传输线上由低价到高价一位一位地顺序传输。通常计算机之间、计算机与串行外设之间以及实时多处理机分级分布控制系统中，各 CPU 间都采用串行通信方式交换数据。串行通信的特点是通信距

离远，通信成本低，但通信速率降低，且要求数据有出定格式，通信过程的控制要比并行通信复杂。DSP 控制器串行通信接口（SCI）是一个标准的通用异步接收/发送（UART）通信接口。它的接收器和发送器都是双级缓冲的，有自己的使能和中断位，它们可以半双工或全双工工作。为了保证数据的完整性，串行通信接口对接收的数据进行间断检测、奇偶性、超时和帧错误的检查。串行通信接口波特率可高达 64kbit/s。

3.3.1　串行通信的工作原理

串行通信的工作原理如图 3.23 所示，这是最简单的点—点方式。为了进行通信，主机 A 的发送端 TXD 要与从机 B 的接收端 RXD 相联，主机 A 的接收端 RXD 要与从机 B 的发送端 TXD 相联，另外主机 A 与从机 B 要共地。

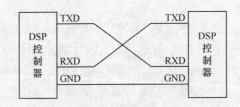

（a）点—点串行通信

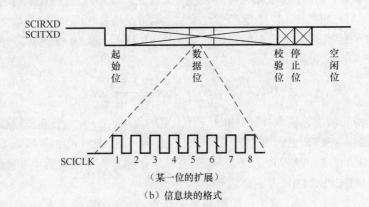

（b）信息块的格式

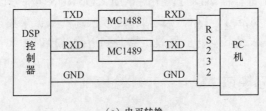

（c）电平转换

图 3.23　异步串行通信的原理

串行通信的发送是在一定的节拍下，一位一位地将数据移到引脚上；串行通信的接收也是在一定的节拍下，一位一位地将数据从引脚上读进来。因此，串行通信必须要有一个时钟来指挥，而且发送端和接收端还必须"同步"，这是正确通信的关键。常用的"同步"方法有两种：通过一根时钟信号线将主从机联接起来，实行强制同步，这种"同步"方式可靠，但需增加一根时钟信号线，后一节介绍的串行外设接口（SPI）就是采用这种"同步"方式；另外一种就是在主从机分别设立时钟（SCICLK），两个时钟具有相同的周期（波特率），这样在规定的字符传送格式（起始位+数据位+校验位+停止位）配合下，可以达到主从机的"同步"，如图 3.23 所示。严格地讲，前者称为同步串行通信，后者称为异步（准同步）串行通信，采用异步通信方式的主从机通过各自的时钟信号来"同步"，由于二者的时钟相位或时钟的周期不一定完全一致，即有一定的偏差范围，故这个偏差有可能会影响串行通信的正确性，应该特别注意。

串行通信时信息在一根信号线上传送。不仅要传送数据信息，还要传送联络控制信号。为了区分这根传输线上串行传送的信息流中哪个是数据，哪个是联络控制信号，就引出了串行通信中的一系列约定，也称通信规程或通信协议，如数据格式、传输速度、差错检验方式、传输控制步骤等。

通用异步接收/发送（UART）通信的信息块格式非常重要，一个完整的信息块格式为：起始位+数据位+校验位+停止位。串行传送开始后。发送端在发送每个数据字符前首先发送一个起始位作为接收该字符的同步信号，然后发送有效数据字符和校验位（也可以没有），在字符结束时再发送 1 位或 2 位的停止位。停止位后是长度不等的空闲位。停止位和空闲位是高电平，以保证在起始位的开始处一定有一个下跳沿作为起始检测标志。在异步通信的信息块格式中增加起始位和停止位，是为了主从机之间来核对收发双方的同步，确保串行通信的可靠性。但由于在每个信息块的首尾都要有增加起始位和停止位，也降低了串行通信的传输效率。

DSP 控制器的串行通信由时钟 SCICLK 指挥，每位占有 8 个 SCICLK 周期，在其第 4、5、6 个脉冲的下降沿采样引脚，采取 3 取 2 的投票机制决定该位的状态。这比普通单片机只在每位采样 1 次就决定该位的状态要合理，抗干扰性能也要好。

为了保证异步串行通信主从机之间的同步，除了要有前面的通信数据格式外，还必须要求主从机的发送与接收时钟具有相同的周期，即相同的波特率。

在串行通信中还要解决的一个基本问题是通信的主从机必须按照统一的电气和物理接口标准来连接，如信号电平、信号定义与电线特性等都必须用统一的标准。如果主从机之间的电气和物理接口标准不一致，一定要进行电气和物理接口的转换。最典型的是 DSP 控制器与PC 机串口连接时，由于前者是 TTL（5V）电平，后者是 RS-232（15V）电平，必须进行电平转换，如图 3.23 所示。RS-232 是目前最普遍的串行接口标准，它除了对信号电平进行厂定义外（按负逻辑定义的，即用-5～15V 表示逻辑 1，+5～+15V 表示逻辑 0），还对信号电缆的物理性能、传输距离等进行了规定。另外，RS-422/RS-485 也是目前流行的串行接口标准，它的传输距离要比 RS-232 接口标准要远许多。为了解决 RS-232 的传输距离的问题，也可以采用调制解调器的方法。有兴趣的读者可阅读相关的资料。

对于点—点的通信方式，在前面的协议基础上可进行正常的通信。对于点—多点，即多机通信时，光有前面的协议还不够，还需要解决一个多机寻址的问题，如图 3.24 所示。在多机通信时，所有设备都挂在串行通信总线（TXD 和 RXD）上，当主机要与某个从机通信时，怎样去识别这个从机？这个从机怎样确认是与它通信？这是多机通信时必须要解决的问题。为了区分每一个挂接串行通信总线上的设备，自然想到的是给每一个设备分配一个地址。在数据信息传送之前，先在通信总线上广播地址信息，与这个地址匹配的设备将被唤醒，与这个地址不匹配的设备继续处于睡眠状态，这样一来收发双方就建立起逻辑上的联接，随后就可以进行正常的数据信息传送。对于这种方法，还有一个问题要解决，就是怎样区分接收到的是地址信息还是数据信息。DSP 控制器的 SCI 串行通信接口模块提供了如下两种方法。

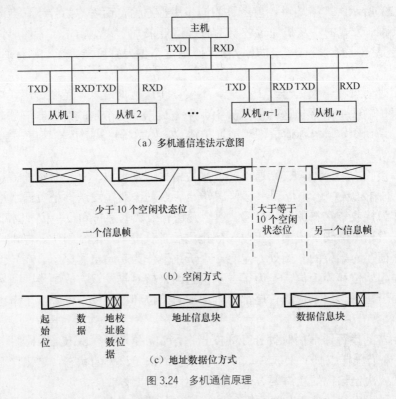

（a）多机通信连法示意图

少于 10 个空闲状态位
一个信息帧
大于等于 10 个空闲状态位
另一个信息帧

（b）空闲方式

起始位　数据　地址数据　校验位
地址信息块
数据信息块

（c）地址数据位方式

图 3.24　多机通信原理

- 空闲线方式。多机通信中有地址信息块也有数据信息块，多个信息块组成一个信息帧。一个信息帧包含地址信息块和数据信息块，并且规定地址信息块在的，数据信息块在后。地址信息可以由 1 个或多个地址信息块构成，数据信息也可以由 1 个或多个数据信息块构成。同一个信息帧内的信息块之间的空闲状态位（高电平）小于 10 个；而两个不同的信息帧之间空闲状态位（高电平）必须要大于或等于 10 个。这样一来，通过空闲状态的长短区分信息帧，在信息帧里前面的信息块是地址信息。后面的是数据信息，地址信息和数据信息各占几块由用户自己定义。

- 地址位方式。这种方式是在数据格式上进行一些修改，即增加 1 个地址/数据位，如果该位为 1 表示信息块是地址信息，否则表示信息块是数据信息。采用地址位方式不需要监视空闲状态的长短，编程比较简明。

地址位方式适合于短信息的传送，空闲线方式适合于长信息的传送。主要原因是地址位方式在每个信息位都增加了 1 位地址/数据位，对于长信息的传送增加了许多额外的开销，降低了传送效率。

3.3.2　串行通信接口模块 SCI 的结构

DSP 控制器串行通信接口模块由发送和接收两大部分组成，其结构如图 3.25 所示。与串行通信相关的两个引脚：

- SCIRXD/IO，串行通信数据接收，也可以做普通 I/O；

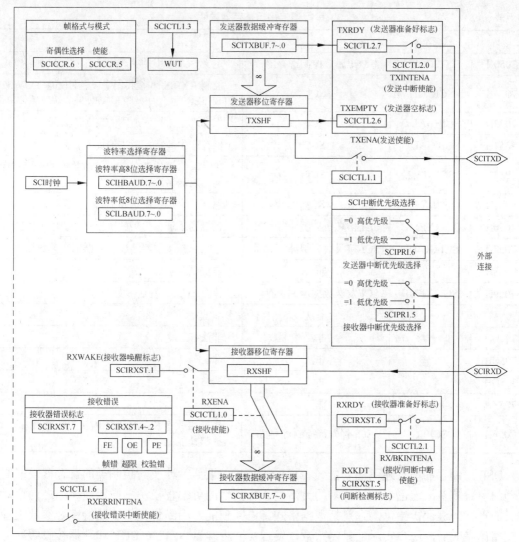

图 3.25　串行通信接口结构图

- SCITX D/IO，串行通信数据发送，也可以做普通 I/O。

与串行通信相关的寄存器说明如表 3.17 所示。其中控制类的寄存器有 7 个，分别用来设置数据格式、中断使能、中断优先级、波特率、引脚复用功能的选择以及反映通信的状态等；数据类寄存器有 3 个，分别是数据发送缓冲寄存器 SCITX BUF、数据接收缓冲寄存器 SCIRXBUF 和仿真数据接收缓冲寄存器 SCIRXEMU。与数据发送缓冲寄存器 SCITX BUF 相连的发送移位寄存器 TXSPIF 是由模块本身使用，用户不能直接操作，它的作用就是把数据发送缓冲寄存器 SCITX BUF 中的数据一位一位地移出到引脚 SCITX D/IO 上。与此类似，接收移位寄存器 RXSPIF 是将引脚 SCIRXD/IO 上的信息一位一位地移到数据接收缓冲寄存 SCIRXBUF 和仿真数据接收缓冲寄存器 SCIRXEMU 中，用户不能直接与其"打交道"，它只供模块本身使用。数据接收缓冲寄存器 SCIRXBUF 和仿真数据接收缓冲寄存 SCIRXEMU 是同一个物理寄存器，只是它们有不同的地址。仿真数据接收缓冲寄存器 SCIRXEMU 主要为仿真器使用，对它的读取不影响标志位的变化。

表 3.17　　　　　　　　　　　　　　　　　串行通信接口寄存器说明

地址	寄存器	名　称	描　述
7050H	SCICCR	SCI 通信控制寄存器	定义 SCI 使用的字符格式、协议和通信模式
7051H	SCICTL1	SCI	控制 RX/TX 和接收器错误终端使能 TXWAKE 和 SLEEP 功能，内部的时钟使能和 SCI 软件复位
7052H	SCIHBAUD	SCI	保存产生波特率所需的高 8 位数据
7053H	SCILBAUD	SCI	保存产生波特率所需的低 8 位数据
7054H	SCICT1.2	SCI	包括发送器中断使能，接收器缓冲/间接中断使能，发送器准备标志和发送器空标志
7055H	SCIRXST	SCI	包括 7 个接收器状态标志
7056H	SCIRXEMU	SCI 仿真数据缓冲寄存器	包括用于屏幕更新的数据，主要用于仿真器
7057H	SCIRXBUF	SCI 接收数据缓冲寄存器	包括来自接收器移位寄存器的当前数据
7958H	—	非法	非法
7059H	SCITXBUF	SCI 发送数据缓冲寄存器	保存 SCITX 发送的数据
705AH	—	非法	非法
705BH	—	非法	非法
705CH	—	非法	非法
705DH	—	非法	非法
705EH	—	非法	非法
705FH	SCIPRI	SCI 优先级控制寄存器	包括接收器和发送器中断优先级选择和仿真器挂起使能位

　　DSP 控制器的串行通信的功能较普通的单片机的要强，涉及的控制类的寄存器较多需要设置的参数较多，这也带来了许多的灵活性。与其他的可编程模块一样，在使用之前要对控制类的寄存器进行初始化，它包括数据格式、中断使能、中断优先级、波特率等参数设置。在初始化完成后，用户实际上只需跟数据发送缓冲寄存器 SCITX BUF 和数据接收缓冲寄存器 SCIRXBUF "打交道"。如果要发送数据，只要把数据写入到 SCITX BUF 即可，加入起始位、停止位、校验位以及在波特率规定的节拍下移位到发送引脚 SCITX D/IO 等工作由串行通信 SCI 模块本身自动完成。如果要接收数据，只要把 SCIRXBUF 的内容读出即可，因为从引脚 SCIRXD/IO 移位来的信息由串行通信 SCI 模块本身自动地去掉起始位、停止位、校验位，并将数据放到 SCIRXBUF 中。如果串行通信 SCI 模块的发送功能被开启，当数据写入 SCITX BUF 时就自动启动了发送过程、发送完成后会在相应的标志位上建立标志。同样的道理，如果串行通信 5 门模块的接收功能被开启，当引脚 SCIRXD/IO 出现下降沿的跳变时（在没有接收信息时该引脚为高电平），就自动地启动了接收过程，如果属于正常接收，则将数据分离出来放到 SCIRXBUF 并置接收到的标志；如果属于非正常接收，即出现间断（BRK）、帧错（FE）、溢出（OE）、校验错（PE）等情况，将在相应标志位上置标志。另外，发送完成和接收到都有相应的中断，通过这些中断可以方便地实现各种通信任务。

　　为了详细了解 DSP 控制器的串行通信功能，必须对它的控制类寄存器进行深入的了解，下面对控制类寄存器逐一进行介绍。

在进行串行通信之前，首先要确定数据格式或信息块的格式。这一点是由 SCI 通信控制寄存器 SCICCR 进行设置，如表 3.18 所示。信息块的起始位始终是 1 位，停止位可选择是 1 位或 2 位，内 SCICCR 的 STOP BITS 设置，该位为 0，则选取 1 位停止位，否则选取 2 位停止位；数据位的长度是可编程的，可设置为 1 位到 8 位，这比普通单片机要灵活，由 SCICCR 的 SCICHAR 2:0 设置，要注意当数据位长度 L 小于 8 位时，写到发送缓冲寄存器 SCITX BUF 的数据只有低 L 位被发送；校验位可有可无，由 SCICCR 的 PARITY ENABLE 设置，该位为 0，则不需要校验位，否则，就需要校验位。校验方式有两种：奇校验和偶校验。由 SCICCR 的 PARITY 设置，该位为 1，则选取偶校验，否则选取奇校验；空闲线方式与地址位方式的选择，由 SCICCR 的 ADDR/IDLE MODE 设置，该位为 0，则选取空闲线方式，否则就选择地址位方式；SCICCR 的 SCIENA 是一个总开关位，该位为 0，则关闭 SCI 模块，否则使能 SCI 模块。

表 3.18 串行通信接口寄存器（SCICCR）各位定义与说明

位	定 义			说 明	
Bits7	STOP BITS（停止位的数目）			0	一个停止位
				1	两个停止位
Bits6	PARITY（奇/校验选择，在 PARITY ENABLE 置位时有效）			0	奇校验
				1	偶校验
Bits5	PARITY ENABLE（奇/校验使能）			0	禁止奇偶校验
				1	使能奇偶校验
Bits4	SCI ENA（通信使能位）			0	禁止通信
				1	使能通信
Bits3	ADDR/IDLE MODE（多处理机模式控制位）			0	选中空闲线模式
				1	选中地址位模式
Bits2～Bits0	SCICHAR2-0			字长控制位	
	0	0	0	1 位字长	
	0	0	1	2 位字长	
	0	1	0	3 位字长	
	0	1	1	4 位字长	
	1	0	0	5 位字长	
	1	0	1	6 位字长	
	1	1	0	7 位字长	
	1	1	1	8 位字长	

在信息块的格式确定之后，就要确定串行通信的波特率。它由 16 位 SCI 波特率寄存器 SCIHBAUD 和 SCILBAUD 设置，前者是波特率寄存器的高 8 位，后者是波特率寄存器的低 8 位，它的数据记为 BRR。串行通信的时钟 SCICLK 是由时钟源模块的 SYSCIK 按照 SCI 波特率寄存器规定的分频系数分频后得到。注意到波特率是按位计算（bit/s），而每位需要 8 个 SCICLK 周期，所以串行通信的波特率与 BRR、SCICLK 的关系为

$$串行通信的波特率=\begin{cases} \dfrac{SYSCLK}{(BRR+1)\times 8} & (1\leqslant BRR\leqslant 65535) \\ \dfrac{SYSCLK}{16} & (BRR=0) \end{cases}$$

在设置好串行通信的波特率后，就要确定接收部分或发送部分的控制位。这些是由 SCICTL1 和 SCICTL2 来完成，如表 3.19～表 3.21 所示。

表 3.19　　　　　　　串行通信接口控制寄存器（SCICTL1）各位定义与说明

位	定　义		说　明
Bits7	保留		读操作不确定，写操作无效
Bits6	RX ERR INT ENA（接收错误中断使能）	0	禁止接收错误中断
		1	使能接收错误中断
Bits5	SW RESET（串行通信接口软件复位（低有效））	0	将 0 写入该位来初始化串行通信接口状态机且操作标志至复位条件，该位不影响其他任何配置位，也不改变 CLOCK ENA 位的状态，所有超作用的逻辑都保持稳定的复位高且将 1 写入该位来重新使能串行通信接口。接收间断检测（BRKDT 标志）发生后，清除该位，SW RESET 影响串行通信接口的操作标志，但不影响配置位，表 3.20 列出了受影响的标志位，一旦确定了 SW RESET，标志位就被冻结直至该位解除
Bits4	CLOCK ENA（内部时钟使能）	0	没有规定发送特征
		1	选定的发送特征取决于空闲线模式或地址位模式下，写 1 到 TXWAKE，然后将数据写入寄存器 SCITXBUF 来产生一个 11 个数据位的空闲周期，在地址位模式下，写 1 到 TXWAKE，然后将数据写入寄存器 SCITXBUF 并设置该帧的地址位为 1
Bits3	TX WAKE（发送唤醒方法选择）	0	发送缓冲器，移位寄存器或两者被传入数据
		1	发送缓冲器和移位寄存器等空
Bits2	SLEEP（休眠位）	0	禁止休眠方式
		1	使能休眠方式
Bits1	TXRNA（发送器使能）	0	禁止发送器
		1	使能发送器
Bits0	RXENA（接收器使能）	0	禁止将接收到的字符传送到 SCIRXEMU 和 SCIRXBUF 接收缓冲器
		1	发送接收的字符到 SCIRXEMU 和 SCIRXBUF

表 3.20　　　　　　　　　　　受 SW RESET 影响的标志位

SCI 标志位	在寄存器中的位	SW RESET 后的值	SCI 标志位	在寄存器中的位	SW RESET 后的值
TXRDY	SCICTL2-7	1	FE	SCIRXST-4	0
TX EMPTY	SCICTL2-6	1	BRKDT	SCIRXST-5	0
RXWAKE	SCIRXST-1	0	RXRDY	SCIRXST-6	0
PE	SCIRXST-2	0	RX ERROR	SCIRXST-7	0
OE	SCIRXST-3	0			

表 3.21　　　　　串行通信接口通信控制寄存器 2（SCICTL2）各位定义与说明

位	定　　义		说　　明
Bits7	TXRDY（发送寄存器准备好标志位）	0	SCITXBUF
		1	SCITXBUF 准备接收下一个字符
Bits6	TX EMPY（发送器空标志）	0	发送缓冲器，移位寄存器或两者被传入数据
		1	发送缓冲器和移位寄存器等空
Bits5～Bits2	保　　留		读操作不确定，写操作无效
Bits1	RX/BK INT ENA（接收缓冲器/间断中断允许）	0	禁止 RXRDY/BRKDT 中断
		1	允许 RXRDY/BRKDT 中断
Bits0	TXINT ENA （SCITXBF 中断允许位）	0	禁止 TXRDY 中断
		1	允许 TXRDY 中断

如果不希望串行发送功能起作用，可将 SCICTL1 的 TXENA 清零，否则就要将其置为 1。如果不希望串行接收功能起作用，可将 SCICTL1 的 RXENA 清零，否则就要将其置为 1。如果要关闭串行通信时钟 SCICLK，可将 SCICTL1 的 CLOCKENA 清零，否则就要将其置为 1，当数据写入到 SCITX BUF 时，SCICTL2 的 TXRDY 被清零；当 SCITX BUF 的数据被全部移出后，即该数据发送完毕，则 SCICTL2 的 TXRDY 被置 1，并且产生发送中断 TXINT。SCICTL2 的 TXEMPTY 是与 TXRDY 类似的标志值，作用相同但不产生中断请求。

如果要屏蔽发送中断 TXINT，可将 SCICTL2 的 TXINTENA 清零，否则就要将其置为 1。如果要屏蔽接收中断 RXINT，可将 SCICTL2 的 RX/BK INTENA 清零，否则就要将其置为 1。如果要屏蔽接收错误中断，可将 SCICTL1 的 RXERR INTENA 清零，否则就要将其置为 1。后面两个中断 RX/BK 和 RXERR 共用 RXINT，它们之间通过 SCI 接收状态寄存器 SCIRXST 的状态标志位来区分（见表 3.22）。

表 3.22　　　　　　　接受状态寄存器（SCIRXST）各位定义与说明

位	定　　义		说　　明
Bits7	RX ERROR（接收器错误标志，该位是间断检测、帧错误、定时和校验允许标志（位 5-2：RPKDT，FE，OE 和 PE 的逻辑或）	0	无错误标志被置位
		1	有错误标志被置位
Bits6	RXRDY（串行通信接口接收器准备好标志）	0	SCIRXBUF 中无新字符
		1	准备从 SCIRXBUF 中读出新字符
Bits5	BRKDT（间断检测标志位）	0	无间断条件
		1	产生间断条件，当串行通信接口的接收数据栈从失去的第一个停止位开始运行连续保持低电位至少 10 位时，就产生间断条件
Bits4	PE（帧错误标志位）	0	未检测到帧错误
		1	检测到帧错误，当没有找到预期的停止位时，串行通信接口置位该位

位	定　义		说　明
Bits3	OE（超时错误标志位）	0	未检测到超时错误
		1	检测到超时错误，在前一个字符被 CPU 完全读取前，当字符传送到 SCIRXEMU 和 SCIRXBUF 中时，串行通信接口置位该位
Bits2	PE（奇/偶校验错误标志位）	0	无奇偶校验错误或奇偶校验被禁止
		1	检测到奇偶校验错误
Bits1	RXEAKE（接收器唤醒检测标志位）	0	无接收器唤醒条件
		1	检测到接收器唤醒条件，在地址位多处理机方式中，TXWAKE 反映了保存在 SCIRXBUF 中字符的地址位置，在空闲线多处理机方式中，如果检测到 SCIRXD 数据线空闲就置位 RXWAKE，SCIRXD 线是 RXSHF 的输入
Bits0	保　留		读操作不响应，写操作无效

在进行多机通信时，需要先确认待通信的地址。如果是与自己通信则唤醒接收功能，否则使接收功能处于睡眠状态。这一点由 SCICTL1 的 SLEEP 进行设置，该位为 0 则是唤醒接收功能，该位为 1 则处少睡眠状态。

在空闲线方式下（SCICCR 的 ADDR/IDEL MODE=0），为了区别两个不同的信息帧需要有 10 个以上的空闲状态位。为了达到这个要求，一种方法是在上一个信息帧发达完后，人为地延迟 10 个以上的空闲状态位后其发下一个信息帧；另一种方法是在上一个信息帧发送完后，将 1 写到 SCICTL1 的 TXWAKE，然后任意写一个数据到发送数据缓冲寄存器 SCITX BUF，SCI 模块将自动地在发送引脚上产生 11 个空闲状态位，这个操作完成后自动地将 SCICTL1 的 TXWAKE 清零。后一种方法由硬件自动产生空闲状态的时间，比较可靠。

在地址位方式下（SCICCR 的 ADDB/IDEL MODE＝1），如果将 1 写到 SCICTL1 的 TXWAKE，然后向发送数据缓冲寄存器 SCITX BUF 写一个"数"，SCI 模块将把这个"数"当作地址并自动地在地址/数据标志位上置 1，如果将 0 写到 SCICTL1 的 TXWAKE，然后向发送数据缓冲寄存器 SCITX BUF 写一个"数"，SCI 模块将把这个"数"当作数据并自动地在地址/数据标志位上清零。

在接收的过程中，由于各种干扰的原因可能导致接收失败。出现接收失败时，希望能复位串行通信模块但又不破坏原有的参数配置。这时候可以写一个 0 到 SCICTL1 的 SWRE—SET，使得 SCI 接收状态寄存器 SCIRXST 中的所有错误标志位被清 0 但又不破坏原有的参数配置。如果在接收过程中探测到"间断"错误，即 SCI 状态寄存器 SCIRXST 的 BRKDT 置了标志，将自动使 SCICTL1 的 SWRESET 清零。

从引脚 SCIRXD/IO 的电平变化到数据放到接收缓冲寄存器 SCIRXBUF 中，这个过程是自动完成的。这个过程是否正常，出现了哪些错误，也自动地记录在 SCI 接收状态寄存器中。

如果是正常接收且数据已放到接收缓冲寄存器 SCIRXBUF 中，则 SCIRXST 的 RXRDY 被置 1。如果 SCICLTL2 的 RX/BR INTENA 为 1，即接收中断 RXINT 没有屏蔽，还将发出中断请求。要注意，数据接收缓冲寄存器 SCIRXBUF 与仿真数据接收缓冲寄存器 SCIRXEMU 是同一个物理寄存器。但它们有不同的地址（前者是 7057H，后者是 7056H），如果以 7056H 读取仿真数据接收缓冲寄存器 SCIRXEMU，标志 RXRDY 不发生变化。

如果在接收过程中探测到"间断"错误，即在引脚 SCIRXD/IO 上出现持续 10 个以上低电平状态值，这种情况肯定丢失了停止位。将使 SCIRXST 的 BRKDT 置 1，否则将为 0。如果 SCICLTL2 的 RX/BR INTENA 为 1，即接收中断 RXINT 没有屏蔽，还将发出中断请求。

如果在收到第 1 个停止位后没再收到期望的停止位，将出现"帧错"，就是说该帧信息出现了不正常的情况。此时，特使 SCIRXST 的 FE 置 1，否则将为 0。

如果在接收缓冲寄存器 SCIRXBUF 的数据还未读出，又有数据要放到 SCIRXBUF 中，将产生"溢出"错误，这将使 SCIRXST 的 OE 置 1，否则将为 0。

如果接收方计算的校验结果与发送过来的不一致，将产生"校验错"的错误，这将使 SCIRXST 的 PE 置 1，否则将为 0。

如果在接收过程中出现了"间断"、"帧错"、"溢出"或"校验错"的任何一种情况，都将使 SCIRXST 的 RXERROR 置 1，否则将为 0。如果 SCICLTL1 的 RX ERR INTENA 为 1，即接收中断 RXINT 没有屏蔽，还将发出中断请求。注意，要使这个状态标志位清 0 必须由 SCICTL1 的 SWRESET 来完成。

SCIRXST 的 RXWAKE 与 SCICTL1 的 TXWAKE 对应。在空闲线方式下，该位为 1 表示当前是空闲状态位；在地址位方式下，该位为 1 表示收到的信息是地址信息。该位是只读位，下述情况将使它复位：读 SCIRXBUF；在地址位方式下，收到数据信息块；使 SCICTL1 的 SWR ESET（低）有效；系统复位。

串行发送、接收中断的优先级是可以编程的，由优先级控制寄存器 SCIPRI 来设置（见表 3.23）。如果 SCIPRI 的 SCITX PRIORITY 为 1，则发送中断 TXINT 是高优先级的中断，否则是低优先级的中断；如果 SCIPRI 的 SCIRX PRIORITY 为 1，则接收中断 RXINT 是高优先级的中断，否则是低优先级的中断。详情可见 3.7 节。

用于串行通信的二个引脚是功能复用的，通过端口控制寄存器 SCIPC2 来规定，如表 3.24 所示。如果引脚 SCITXD/IO 要作为串行通信的发送引脚，则要将 SCIPC2 的 SCITXD FUNCTION 置为 1。如果引脚 SCIRXD/IO 要作为串行通信的接收引脚，则要将 SCIPC2 的 SCIRXD FUNCTION 置为 1。当引脚 SCITX D/IO 和 SCIRXD/IO 作为通用 I/O 引脚时，需要规定它们的数据传送方向，即是作输入还是输出，分别由 SCIPC 2 的 SCITXD DATA DIR、SCIRXD DATA DIR 来配置。

表 3.23　　　　串行外设接口优先级控制寄存器（SCIPRI）各位定义与说明

位	定 义		说 明
Bits7	保 留		读操作不确定，写操作无效
Bits6	SCITX PRIORITY（发送器中断优先级选择）	0	高优先级中断请求
		1	低优先级中断请求
Bits5	SCIRX PRIORITY（接收器中断优先级选择）	0	高优先级中断请求
		1	低优先级中断请求
Bits4	SCI ESPEN（仿真挂起允许）	0	当挂起（suspend）信号变高时，串行通信接口继续操作直到当前的发送和接收功能完成
		1	当挂起（suspend）信号变高时，串行通信接口状态机被冻结
Bits3～Bits0	保 留		读操作不确定，写操作无效

表 3.24 串行通信接口端口控制寄存器 2（SCIPC2）各位定义与说明

位	定　　义	说　　明	
Bits7	SCITXD DATA IN（引脚 SCITXD 的当前值）	0	引脚 SCITXD 的值读出为 0
		1	引脚 SCTIXD 的值读出为 1
Bits6	SCITXD DATA OUT（引脚 SCITXD 的输出值，如果 SCITXD 是通用数字 I/O 输出引脚，那么该位就存有由 SCITXD 输出的数据）	0	引脚 SCTIXD 上输出 0
		1	引脚 SCTIXD 上输出 1
Bits5	SCITXD FUNCTION（定义引用 SCITXD 的功能）	0	SCTIXD 是通用数字 I/O 引脚
		1	SCITXD 是串行通信接口发送引脚
Bits4	SCTTXD DATA DIR（定义引脚 SCITXD 的数据方向，如果 SCITXD 是通用数字 I/O 引脚，那么该位确定 SCITXD 的方向）	0	SCITXD 是数字输入引脚
		1	SCITXD 是数字输出引脚
Bits3	SCIRXD DATA IN（引脚 SCIRXD 的当前值）	0	引脚 SCIRXD 的值读出为 0
		1	引脚 SCIRXD 的值读出为 1
Bits2	SCIRXD DATA OUT（引脚 SCIRXD 的输出值，如果 SCIRXD 是通用数字 I/O 输出引脚，那么该位就存有由 SCIRXD 输出的数据）	0	引脚 SCIRXD 上输出 0
		1	引脚 SCIRXD 上输出 1
Bits1	SCIRXD FUNCTION（定义引脚 SCIRXD 的功能）	0	SCIRXD 是通用数字 I/O 引脚
		1	SCIRX 是串行通信接口发送引脚
Bits0	SCIRXD DATA DIR（定义引脚 SCIRXD 的数据方向，如果 SCIRXD 是通用数字 I/O 引脚，那么该位确定 SCIRXD 的方向）	0	SCIRXD 是数字输入引脚
		1	SCIRXD 是数字输出引脚

3.3.3　多机通信

多机通信的原理前面已做叙述。为了区别挂接在串行总线（TXD、RXD）上的设备，对每个设备都要分配一个地址。另外，特别要注意串行总线上每次只能有一个设备处于发送状态，即只有一个"讲者"；但是可以有多个设备处于接收状态，即多个"听者"。因此，为了进行正常的通信，需要对帧的格式进行规定。每帧的外头的信息块应为地址信息块，而后再跟数据信息块。对于每个挂接在串行总线上的设备，平常使自己的接收功能处于睡眠状态。处于睡眠状态时，可以接收但不改变标志 RXRDY 和其他错误标志，也不引起中断 RXINT；但若探测到是地址信息块（RXWAKE＝1），则会改变标志 RXRDY，也会引起中断 RXINT（如果没有屏蔽）。当总线上出现帧的开头—地址信息块时，每个"听者"迅速与自己的地址比较，若一致则唤醒接收功能，将后续的数据信息接收进来；否则，继续使自己的接收功能处于睡眠状态。

DSP 控制器的多机通信由 SCICCR 的 ADDR/IDEL MODE、SCICTL1 的 SLEEP、SCICTL1 的 TXWAKE 和 SCIRXST 的 EXWAKE 的逻辑组合来完成。由 ADDR/IDEL MODE 确定多机通信是采用空闲线方式还是地址位方式，由 TXWAKE、RXWAKE 和 SLEEP 控制收发的进程。

1. 空闲线方式
- 首先将 SLEEP 置为 1，使接收功能处于睡眠状态。

- 如果是发送，在每帧的开始将 TXWAKE 置为 1，并向发送缓冲寄存器 SCITXBUF 任意写一个数。将在发送端的引脚 SCITX/IO 上产生 11 个空闲状态位，以此告知接收方紧跟着的就是地址信息块。随后，将 TXWAKE 清为 0。再将数据信息块依次发出。要注意每块之间的空闲时间更少于 10 个续闲状态位，否则将使接收方识认为反一个新的信息帧，导致接收错误。

- 如果是接收，当模块探测到地址信息块到来时（RXWAKE＝1），尽管接收功能处于睡眠状态仍会使标志 RXRDY 置 1，也会引起中断 RXINT（如果没有屏蔽）。这样一来，在相应的（子）程序中迅速与自己的地址比较，若一致将 SLEEP 清零，恢复接收功能。将后续的数据信息块全部接收进来，完成后记得将 SLEEP 重新置为 1，等待下一帧信息的到来；若不一致，保持原状，这个时候尽管自己的引脚 SCIRXD/IO 上继续有数据信息流动，接收缓冲寄存器也接收数据。但是由于标志 RXEDY 不变化，所以有关的（子）程序不会运行，相当于接收功能处于睡眠状态。

2. 地址位方式

首先将 SLEEP 置为 1，使接收功能处于睡眠状态。

- 如果是发送，在每帧的开始将 TXWAKE 置为 1，并将目的地址写入列发送缓冲寄存器 SCITXBUF，此时自动地在数据格式的地址/数据位置 1，告知接收方这是地址信息块。在目的地址发送完后，将 TXWAKE 清为 0，此时自动地在数据格式的地址/数据位清为 0，再将数据信息块依次发出。

- 如果是接收，当模块探测到地址信息块到来时（EXWAKE＝1），尽管接收功能处于睡眠状态仍会使标志位 RXRDY 置 1，也会引起中断 RXINT（如果没有屏蔽）。这样一来，在相应的（子）程序中迅速与自己的地址比较，若一致将 SLEEP 清零，恢复接收功能，将后续的数据信息块全部接收进来，完成后记得将 SLEEP 重新置为 1，等待下一帧信息的到来；若不一致，保持原状，这个时候尽管自己的引脚 SCIRXD/IO 上继续有数据信息流动，接收缓冲寄存器也接收数据。但是由于标志 RXRDY 不变化，所以有关的（子）程序不会运行，相当于接收功能处于睡眠状态。

3.4 SPI 串行外设接口模块

目前，控制系统微型化的要求越来越高，便携式的控制器、测量仪器等的需求量越来越大。为了使数字处理系统微型化，首先要设法减少芯片的引脚数。这样一来过去常用的并行总线接口方案由于需要较多的引脚线而不得不舍弃，转而采用只需少量引脚线的串行总线接口方案。SPI 就是这样一种串行总线的外设接口，它只需 3 根引脚线就可以与外部设备相接。目前与 SPI 总线兼容的芯片越来越多，因此在 DSP 控制器的片内集成 SPI 接口模块为控制系统的设计带来了很大的方便。

SPI 实际上是一种串行总线标准，它实现了两个设备之间的信息交换，与 SCI 串行异步通信有相似的地方也有不同之处。相同之处在于它们都是串行的信息交换，不同的是 SCI 是一种异步（准同步）方式，两台设备有各自的自行通信时钟，在相同的波特率和数据格式下达到同步，而 SPI 是一种真正的同步方式，两台设备在同一个时钟工作。因此，SCI 只需两根引脚线（发送与接收），而 SPI 需要 3 根引脚线（发送、接收与时钟）。由于 SPI 是同步方式工作，它的传输速率远远高于 SCI。目前，采用 SPI 接口方式的 A/D、I/O、RAM 等芯片越来越多。这些芯片的传输速率高达几十兆比特每秒。

3.4.1　串行外设接口结构与工作原理

采用 SPI 总线方式交换数据与 SCI 串行通信类似，有主机、从机的概念。主机的发送与从机的接收相连，主机的接收与从机的发送相连，主机产生的时钟信号要输出至从机的时钟引脚上。图 3.26 所示为两个 DSP 控制器的 SPI 接口相连，其中一个 DSP 控制器被定义为主机，另一个 DSP 控制器被定义为从机。4 个引脚的功能如下。

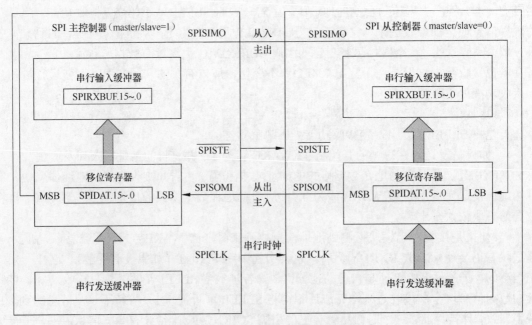

图 3.26　串行外设接口主从控制器的连接

- **SPISIMO**：若是主机则为发送（输出），若是从机则为接收（输入）。
- **SPISOMI**：若是主机则为接收（输入），若是从机则为发送（输出）。
- **SPICLK**：串行外设接口时钟。若是主机则是输出时钟，若是从机则是输入时钟。
- **SPISTE**：串行外设接口选通。作为主机，这个引脚的功能就是普通 I/O；作为从机，这个引脚即可以作为 I/O 功能也可以作为选通功能。作为选通功能时，若为高电平将使从机的移位寄存器停止工作且输出引脚呈高阻状态；若为低电平将使能从机的传送功能。因此，可通过这个引脚对从机进行读写控制。

这里要注意的是，除了引脚 SPISTE 是与 I/O 复用的以外，引脚 SPISIMO、SPISOMI 和 SPICLK 都是与 I/O 复用的。引脚功能的选择由 SPI 端口控制寄存器来设置，下面会详细介绍。

由于 SPI 通过一根时钟引线将主机和从机同步，因此它的串行数据交换不需要增加起始位、停止位等用于同步的格式位，直接将要传送的信息（1～8 位的数据）写入到主机的 SPI 发送数据寄存器 SPIDAT，这是个写入自动启动了主机的发送过程，即在同步时钟 SPICLK 的节拍下把 SPIDAT 的内容一位一位地移到引脚 SPISIMO，当 SPIDAT 的内容移位完毕，将置一个中断标志 SPIINT FLAG，通知主机这个信息块已发送完毕。

对于从机，同样在同步时钟 SPICLK 的节拍下将出现在引脚 SPISIMO 上的数据一位一位地移到从机的移位寄存器（与从机的发送数据寄存器 SPIDAT 是同一个寄存器），当一个完整的信息块接收完以后，将置一个中断标志 SPIINT FLAG，通知从机这个信息块已接收完毕，并同时将移位寄存器接收到的内存复制到从机的 SPI 接收数据寄存器 SPIBUF。

如果由从机发送数据、主机接收数据，其过程与上相反。从机的 CPU 将要发送的数据写入到从机的发送数据寄存器 SPIDAT，然后在主机时钟 SPICLK 的节拍下将数据一份一位地移到引脚 SPISOMI 上；另一方面，主机在时钟 SPICLK 的节拍下从引脚 SPISOMI 上将数据一位一随地移到主机的移位寄存器（即主机的发送数据寄存器 SPIDAT），当接收完 1 个完整的信息块，再将移位寄存器的内容复制到主机的接收数据寄存器 SPIBUF 中。

前面是 SPI 的简单工作原理。从这个过程看出，对于用户编程只需关注在发送数据时写 SPI 发达数据寄存器 SPIDAT；在接收数据时读 SPI 接收数据寄存器 SPIBUF。其余的移位、同步、置收发标志等工作都由内置的 SPI 模块自动完成。下面详细介绍 DSP 控制器 SPI 接口模块的结构与使用方法。

图 3.27 所示为 DSP 控制器 SPI 接口模块的结构示意图。它的结构通过两类寄存器来体现：数据类寄存器和控制类寄存器。数据类寄存器包括 SPI 发送数据寄存器 SPIDAT、SPI 接收数据寄存器 SPIBUF 和 SPI 仿真接收寄存器 SPIEMU；控制类寄存器包括 SPI 配置控制寄

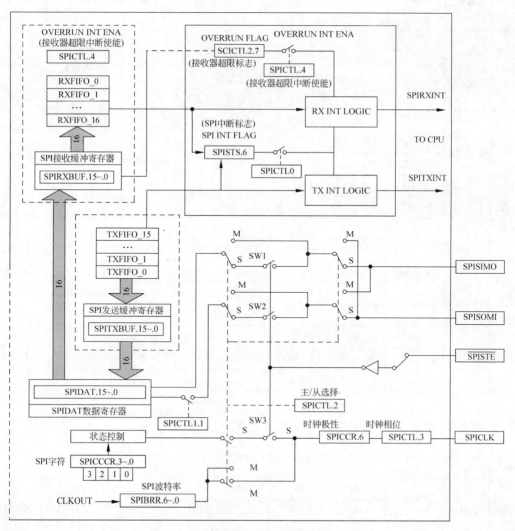

图 3.27 DSP 控制器 SPI 接口模块的结构示意图

存器 SPICCR、SPI 操作控制寄存器 SPICTL、SPI 状态寄存器 SPISTS、SPI 波特率寄存器 SPIBRR、SPI 端口控制寄存器 SPIPC1 与 SPIPC2、SPI 中断优先级控制寄存器 SPIPRI。上述寄存器各位的定义如表 3.26～表 3.34 所示。数据类寄存器是 CPU 与串行外设信息交换的桥梁，用户程序只需读写数据类寄存器即可实现对串行外设的访问。在这里要注意的是，SPI 仿真接收寄存器 SPIEMU 与 SPI 接收数据寄存器 SPIBUF 的功能基本一样，只是在读 SPI 仿真接收寄存器 SPIEMU 时不会影响标志位。控制类寄存器规定模块的工作方式、串行访问的协议参数以及响应标志等，需要在用户程序对其初始化。控制类寄存器与 SPI 模块的硬件部分联系紧密，因此，要了解清楚 SPI 模块的结构就是要了解清楚它的控制类寄存器的结构和使用方法。串行外设模块寄存器各位组成如表 3.25 所示。

表 3.25   串行外设模块寄存器

地址	寄存器	位 数							
		7	6	5	4	3	2	1	0
7040h	SPICCR	SPISW	CLOCK	Reserved			SPICHAR2	SPICHAR1	SPICHAR0
		RW-0	RW-0				RW-0	RW-0	RW-0
		7	6	5	4	3	2	1	0
7041h	SPICTL	Reserved			OVERRUN INTEAN	CLOCK PHASE	MASTER/ SLAVE	TALK	SPIINTEN A
					RW-0	RW-0	RW-0	RW-0	RW-0
		7	6	5	4	3	2	1	0
7042h	SPISTS	RECEIVER OVERRUN	SPIINT PLAG	Reserved					
		RC-0	R-0						
7043h	—	Reserved							
		7	6	5	4	3	2	1	0
7044h	SPIBRR	Reserved	SPIBIT RATE6	SPIBIT RATE5	SPIBIT RATE4	SPIBIT RATE3	SPIBIT RATE2	SPIBIT RATE1	SPIBIT RATE0
			RW-0	RW-0	RW-0	RW-0	RW-0	RW-0	RW-0
7045h	—	Reserved							
		7	6	5	4	3	2	1	0
7046h	SPIEMU	ERCVD7	ERCVD6	ERCVD5	ERCVD4	ERCVD3	ERCVD2	ERCVD 1	ERCVD0
		R-x	R-x	R-x	R-x	R-x	R-x	R-x	R-x
		7	6	5	4	3	2	1	0
7047h	SPIBUF	RCVD7	RCVD6	RCVD5	RCVD4	RCVD3	RCVD2	RCVD 1	RCVD0
		R-x	R-x	R-x	R-x	R-x	R-x	R-x	R-x
7048h	—	Reserved							
		7	6	5	4	3	2	1	0
7049h	SPIDAT	SDAT7	SDAT6	SDAT5	SDAT4	SDTA3	SDAT2	SDAT1	SDAT0
		R-x	R-x	R-x	R-x	R-x	R-x	R-x	R-x

续表

地址	寄存器	位 数							
704Ah	—	Reserved							
704Bh	—	Reserved							
704Ch	—	Reserved							
704Dh	SPIPC1	7	6	5	4	3	2	1	0
		SPISTE DATA IN	SPISTE DATAOUT	SPISTE FUNCTION	SPISTE DATADIR	SPICLK DATA IN	SPICLK DATAOUT	SPICLK FUNCTION	SPICLK DATA DIR
		R-x	RW-0	RW-0	RW-0	R-x	RW-0	RW-0	RW-0
704Eh	SPIPC2	7	6	5	4	3	2	1	0
		SPISIMO DATA IN	SPISIMO DATAOUT	SPISIMO FUNCTION	SPISIMO DATADIR	SPISIMO DATA IN	SPISIMO DATAOUT	SPISIMO FUNCTION	SPISIMO DATA DIR
		R-x	RW-0	RW-0	RW-0	R-x	RW-0	RW-0	RW-0
704Fh	SPIPRI	7	6	5	4	3	2	1	0
		Reserved	SPI PRIORITY	SPI ESPEN	Reserved				
			RW-0	RW-0					

表 3.26　　　　串行外设接口配置控制寄存器（SPICCR）各位定义与说明

位	定 义		说 明
Bits7	SPISW RESET（串行外设接口软件复位）	0	串行外设接口准备发送或接收下一个字符
		1	复位串行外设接口
Bits6	CLOCK POLARITY（SPICLK 的极性）		与 CLOCK PHASE 配合产生 SPICLK 的几种时序，详见表 3.34
Bits5～Bits3	保 留		读操作不确定，写操作无效
Bits2～Bits0	SPI CHAR2：0		字符长度控制位，选定的字符长度为
	0	0	0	1
	0	0	1	2
	0	1	0	3
	0	1	1	4
	1	0	0	5
	1	0	1	6
	1	1	0	7
	1	1	1	8

表 3.27　　　　串行外设接口操作控制寄存器（SPICTL）各位定义与说明

位	定 义		说 明
Bits7～Bits5	保 留		读操作不确定，写操作无效
Bits4	OVERRUN ENA（接收溢出中断允许）	0	禁止 RECEIVER OVERRUN 标志位（SPISTS-7）中断
		1	允许 RECEIVER OVERRUN 标志位（SPISTS-7）中断

续表

位	定 义		说 明
Bits3	CLOCK PHASE（SPICLK 相位）		与 CLOCK POLARITY 配合产生 SPICLK 的 4 种时序，详见表 3.34
Bits2	MASTER/SLAVE（主/从方式）	0	为从机
		1	为主机
Bits1	TALK（发送允许）	0	禁止传送
		1	允许发送
Bits0	SPI INT ENA（SPINT1 中断允许）	0	SPIINT 禁止中断
		1	SPIINT 允许中断

表 3.28　串行外设接口状态寄存器（SPISTS）各位定义与说明

位	定 义		说 明
Bits7	RECEIVER OVERRRCN（接收溢出标志位）	0	未发生接收溢出
		1	在 SPIBUF 的内容独处之前又接收到新的数据，原数据应丢失，有 3 种方法来清除该位：写 0 到该位；写 1 到 SW RESET（SPICCR-7）；系统复位
Bits6	SPI INT FLAG（SPIINT 中断标志位）	0	未发生 SPIINT 中断
		1	串行外设接口硬件设置该位来表明它已经发送或接收完了最后位，并准备好被服务，该位置位的同时，收到的字符将被放置在接收缓冲器中。有 3 种方法来清除该位：读取 SPIBUF；将 1 写入 SPI SW RESET（SPICCR-7）；系统复位
Bits5～ Bits0	保　留		读操作不确定，写操作无效

表 3.29　串行外设接口波特串寄存器（SPIBRR）各位定义与说明

位	定 义	说 明
Bits7	保　留	读操作不确定，写操作无效
Bits6～ Bits0	SPI RIT RATE6：0	该 7 位为 SPI 波特率寄存器值

表 3.30　串行外设接口优先级控制寄存器（SPIPRI）各位定义与说明

位	定 义		说 明
Bits7	保　留		读操作不确定，写操作无效
Bits6	SPI PRIORITY（中断优先级选择）	0	设为高优先级中断
		1	设为低优先级中断
Bits5	SPI ESPEN（仿真挂起允许）	0	当仿真器挂起时，SPI 继续工作至当前的发送/接收序列完成
		1	当仿真器挂起时，SPI 的状态被冻结使得它可在仿真器挂起点接受检查

位	定 义	说 明
Bits4~ Bits0	保 留	读操作不确定，写操作无效

表 3.31　　　　　　　　　　面向字符的链路控制协议的控制字符

符 号	名 称	ASCⅡ	功 能
SOH	报头始	01h	表示信息报文的报头开始
STX	正文始	02h	表示报头结束，正文开始
ETX	正文终	03h	表示以 STX 开始的正文结束
EOT	传输结束	04h	通知对方，传输结束
ENQ	询问	05h	询问对方，要求响应
ACK	确认	06h	接收端对发送端的肯定回答
NAK	否认	16h	接收端对发送端的否定回答
DLE	转义	10h	表明其后的字符不是控制字符

表 3.32　　　　　　SPI 端口控制寄存器 SPIPC1 各位定义与说明

位	定 义	说 明	
Bits7	SPISTE DATE IN	引脚 SPISTR 用作 I/O 功能时的输入数据位，即从该位读该引脚的当前值，向该位写操作无效	
Bits6	SPISTE DATE OUT	引脚 SPISTE 用作 I/O 功能时的输出数据位，即写到该位的值将反应到该引脚的电平上	
Bits5	SPISTE FUNCTION	0	引脚 SPISTE 用作 I/O 功能
		1	引脚 SPISTE 用作 SPI 的从机片选功能，在主机方式下该位写 1 无效
Bits4	SPISTE DATE DIR	0　被配置成输入引脚	引脚 SPISTE 用作 I/O 功能时的方向位
		1　被配置成输出引脚	
Bits3	SPICLK DATE IN	引脚 SPICLK 用作 I/O 功能时的输入数据位，即从该位读该引脚的当前值，向该位写操作无效	
Bits2	SPICLK DATE OUT	引脚 SPICLK 用作 I/O 功能时的输出数据位，即写到该位的值将反应到该引脚的电平上	
Bits1	SPICLK FUNCTION	0　引脚 SPICLK 用作 I/O 功能	
		1　引脚 SPICLK 用作 SPI 时钟功能	
Bits0	SPICLK DATE DIR	0　被配置成输入引脚	引脚 SPICLK 用作 I/O 功能时的方向位
		1　被配置成输出引脚	

表 3.33　　　　　　SPI 端口控制寄存器 SPIPC2 各位定义与说明

位	定 义	说 明
Bits7	SPISIMO DATE IN	引脚 SPISIMO 用作 I/O 功能时的输入数据位，即从该位读该引脚的当前值，向该位写操作无效

位	定　义	说　　明	
Bits6	SPISIMO DATE OUT	引脚 SPISIMO 用作 I/O 功能时的输出数据位，即写到该位的值将反应到该引脚的电平上	
Bits5	SPISIMO FUNCTION	0	引脚 SPISIMO 用作 I/O 功能
		1	引脚 SPISIMO 用作 SPI 功能
Bits4	SPISIMO DATE DIR	0　被配置成输入引脚	引脚 SPISIMO 用作 I/O 功能时的方向位
		1　被配置成输出引脚	
Bits3	SPISOMI DATE IN	引脚 SPISOMI 用作 I/O 功能时的输入数据位，即从该位读该引脚的当前值，向该位写操作无效	
Bits2	SPISOMI DATE OUT	引脚 SPISOMI 用作 I/O 功能时的输出数据位，即写到该位的值将反应到该引脚的电平上	
Bits1	SPISOMI FUNCTION	0	引脚 SPISOMI 用作 I/O 功能
		1	引脚 SPISOMI 用作 SPI 时钟功能
Bits0	SPISOMI DATE DIR	0　被配置成输入引脚	引脚 SPISOMI 用作 I/O 功能时的方向位
		1　被配置成输出引脚	

下面先讨论 SPI 配置控制寄存器 SPICCR 和 SPI 操作控制寄存器 SPICTL。

- 在使用 SPI 模块之前，首先要确定当前的 SPI 模块是作为主机还是从机，这由 SPICTL 的 MASTER/SLAVE 来决定，该位为 1 表示是主机，0 表示是从机。

- 然后要确定信息块的大小，这由 SPICCR 的 SPICHAR2：0 决定。可以在 1～8 位之间进行选择。

- 接着确定 SPI 同步时钟 SPICLK 的极性与相位，SPICCR 的 CLOCK POLARITY 为 1 表示引脚在静止状态时是高电平，否则是低电平；SPICTL 的 COLCK PHASE 为 1，SPICLK 的相位滞后半个周期，否则不滞后。SPICLK 的极性与相位决定了在 SPICLK 的一个节拍中什么时候将数据移位到引脚上或什么时候从引脚上接收移位来的数据。这 2 位的 4 种组合得到表 3.34 所示的 4 种 SPICLK 的时序。总之，发送与接收相差半个周期，即在发送数据稳定半个周期后，接收方才进行采样接收。目前市场上具有 SPI 接口功能的芯片的收发时序会有不同，因此 DSP 控制器给出 4 种 SPICLK 时序，如图 3.28 所示，为它与众多的 SPI 接口芯片可以直接相连提供了方便。

表 3.34　　　　　　　　　　　　　　4 种 SPICLK 的时序

SPICLK 的信号模式	CLOCK POLARITY（SPICCR. 6）	CLOCK PHASE（SPICTL. 3）
上升沿，无延时	0	0
上升沿，有延时	0	1
下降沿，无延时	1	0
下降沿，有延时	1	1

- SPI 模块的中断有两个：SPINT 和 OVERRUN INT。前者表示信息块发送完毕或接收完毕；后者表示在上次接收数据还未从 SPIBUF 中读走又接收到了新的数据。这两个中断共用相同的中断偏移向量，但具有不同的状态标志（SPIINT FLAG 和 RECEIVER OVERRUN），

有关中断偏移向量的内容可参见 3.7 节。如果允许 CPU 响应这两个中断，必须设置 SPICTL 的 SPIINT ENA 和 OVERRUY INT EN 为 1，否则要将其清零。

- SPI 模块的发送功能可以通过编程予以禁止，即 SPICTL 的 TALK 清为 0，将禁止 SPI 的发送功能，此时发送引脚处于高阻状态，但接收功能不受影响。要注意，在清 TALK 为 0 时，如果上次发送还未结束，会继续完成上次的发送，再执行禁止的操作。若要开启发送功能，必须将 SPICTL 的 TALK 置为 1。

- SCICCR 的 SPISW RESET 是一个软件复位位。如果该位为 1 将复位 SPI 的状态标志，即 SPHNT FLAG 和 REC21VER OVERRUN 被清零，但配置参数保持小变。若是主机，此时引脚 SPICLK 将返回到 CLOCK POLARITY 规定的静止状态。在 SPI 复位期间写入到 SPI——DAT 的数据将不会被发送。复位完成后，要记得将 SPI SW RESET 清零，以准备进行正常的收发工作。

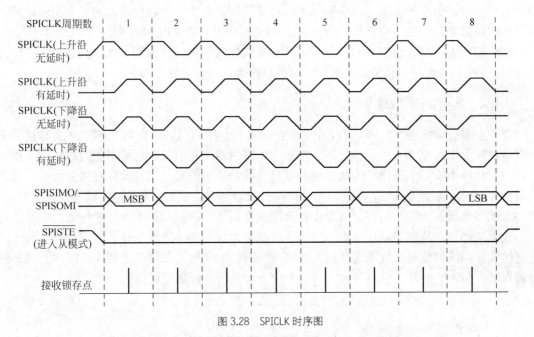

图 3.28　SPICLK 时序图

在完成 SPI 配置控制寄存器 SPICCR 和 SPI 操作控制寄存器 SPICTL 的初始化工作后，就要设置 SPI 的波特率，即时钟 SPICLK 的周期。时钟 SPICLK 是时钟源模块产生的 SYSCLK 时钟经 SPI 波特率寄存器 SPIBRR 规定的分频系数分频后得到。因此，SPI 的波特率为

$$SPI波特率 = \begin{cases} \dfrac{SYSCLK}{SPIBRR+1} & 3 \leqslant SPIBRR \leqslant 127 \\ \dfrac{SYSCLK}{4} & 0 \leqslant SPIBRR \leqslant 3 \end{cases}$$

SYSCLK 的计算参见 2.7 节。要注意，SPI 模块工作在从机方式时，允许的最大波特率是 SYSCLK/8。

SPI 状态寄存器 SPISTS 给出两个 SPI 状态标志：SPIINT FAG 和 RECEIVEKR OVER—RUN。这两个标志反映了 SPI 的工作状况，用户程序需根据这两个标志来维持正常的 SPI 收发工作。

如果当前的信息块已发送完或已收到一个完整的信息块，由硬件将状态标志 SPINT FLAG 置为 1（收发共用同一个标志），此时若中断 SPIINT 没有被屏蔽，还将产生中断请求。该标志是一个只读标志，在下面 3 种情况下被复位：

- 读 SPI 接收数据寄存器 SPIBUF；
- 写 1 到 SPI SW RESET，引起 SPI 软件复位；
- 系统复位。

如果在 SPI 接收数据寄存器 SPIBUF 的内容未读前又接收到了新的数据，将使接收溢出标志 RECEIVER OVERRUN 置 1，此时若中断 OVERRUNINT 没有被屏蔽，还将产生中断请求。该标志可由软件清零（写 0 到该位上）。当由 SPI SW RESET 引起 SPI 软件复位或系统复位时。该标志待变为 0。要注意，每次溢出标志 RECEIVER OVERRUN 置 1，只产生一次中断请求，尽管溢出标志 RECEIVER OVERRUN 未清零，也不再产生新的中断请求，这与其他中断有点不同。但是，由于它与中断 SPIINT 共用同一个中断偏移向量，为了不引起混淆，最好在中断服务子程序中由软件持溢出标志 RECEIVER OVERRUN 清零。

SPI 模块的中断优先级是可以编程的。当 SPI 优先级控制寄存器 SPIPRI 的 SPIPRIORI-TY 为 0 时，SPI 的中断是高优先级；否则，是低优先级。

3.4.2　SPI 的多机通信

与异步串行通信 SCI 一样，SPI 也是一种串行通信的总线，因此可在 SPI 总线 L 挂接多台设备，如图 3.29 所示。一般情况下，挂接在串行总线的从机的发送端不能同时处在工作状态，否则总线不能正常工作。因此挂接在串行总线的从机的发送端一般处在高阻状态，当需要进行通信时才激活进入工作状态，而且每次只能激活一台从机。为了使多机通信正常进行，与 SCI 的多机通信一样，需要对每个设备分配一个地址。主机与某个从机进行通信之前，先在总线上广播这个从机的地址信息。每个从机都可以收到这个地址信息，然后与自己的地址进行比较，相同就将自己发送端激活，即将 SPICTL 的 TALK 置 1，否则将它清零。这样就可以保证在每一个时刻主机只与 SPI 总线上的一个从机进行数据通信。

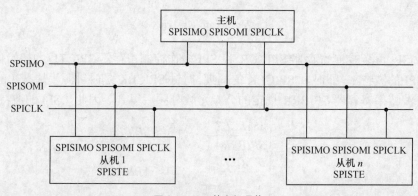

图 3.29　SPI 的多机通信

上面谈到的是 SPI 多机通信的原理，但有一个问题是怎样进行地址广播，或者说怎样区分地址信息与数据信息？在这一点上 SPI 与 SCI 略有不同。因为 SPI 每次传送的信息块不再含有起始、停止、地址/数据等格式位，因此以地址位的方式来区分有些不便。另外，采用空闲状态时间的长度来区分，对于 SPI 模块也是不利的。因此，采用 SPI 串行通信一般都是基于一种高层协议来进行，如面向字符的链路控制协议。面向字符的链路控制协议是一种国际标准协议，很多应用场合都采用这种协议。面向字符的链路控制协议是由一些控制字符来构成报文的格式，这些控制字符如表 3.31 所示。

面向字符的链路控制协议的信息报文和控制报文格式如图 3.30 所示。其中 BCC 是校验块，采用何种校验方式由用户编程决定。这里要说明的是，在实际应用时可以有报头也可以不要报头，只要参与通信的设备遵循同样的规则即可。另外，报头或正文里的数据、字母应以 ASCII 码表示，以免与控制字符相同引起传输混乱。如果报头或正文里的数据、字母不能以 ASCII

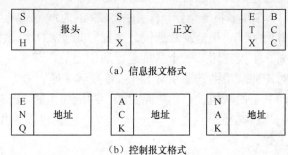

（a）信息报文格式

（b）控制报文格式

图 3.30　面向字符的链路控制协议的信息报文和控制报文格式

码表示，当其中出现与控制字符一样的数据时则需在这个数据前加上转义字符 DLE，接收方在接收报头或正文时遇上 DLE 时要将其去掉以还原原来的报文。这种做法称为透明传输。控制报文含有地址信息，当每一个从机收到询问的控制报文时，与自己的地址比较，相同则返回确认的控制报文并激活发送端，从而实现主机与从机传输链路的开通。

在前面介绍的面向字符的链路控制协议的基础上，可以实现 SPI 多机通信的功能，其中主机与从机的工作流程如图 3.31 所示。

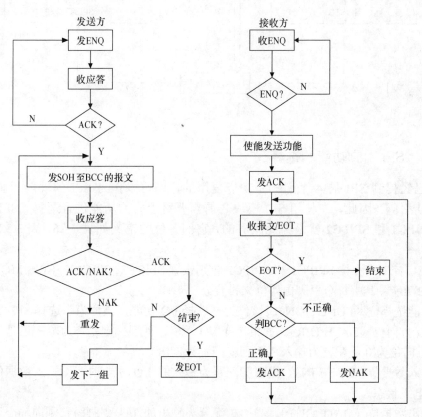

图 3.31　SPI 多机通信的工作流程

从前面的讨论不难看出，面向字符的链路控制协议是一种很通用的链路层通信协议，在 SCI 的通信方式中也可采用。另外，有一些 SPI 接口的芯片有自己特定的通信协议，因此在与这些芯片相连时要先弄清楚它们的通信协议。

SPI 多机通信除了采用图 3.29 的总线方式外。还可以来用图 3.32 的总线方式，后者比前者增加了一根地址片选线，这样一来使得多机通信的地址确认更为简单，传输的效率得到提高。主机在跟某一个从机进行通信之前，首先向 I/O 端口写从机的地址，然后经地址译码将对应的从机的选通引脚 SPISTE 激活（低有效），这样一来使得该从机的发送功能自动开启，而其余的从机被译码电路封锁（对应的引脚 SPISTE 为高电平）。在这个工作完成后，剩下的工作就与点—点的通信一样了，当然也可以采用前面的面向字符的链路控制协议进行通信工作。

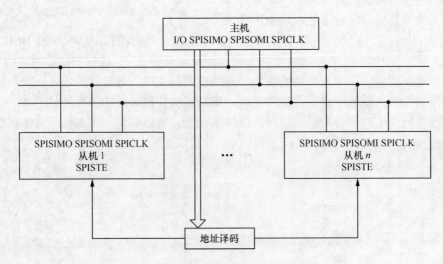

图 3.32　带地址片选线的 SPI 多机通信

3.4.3　SPI 引脚功能的选择

前面已经提到 SPI 的 4 个引脚是功能复用的，即可以作为 SPI 的功能引脚也可以是普通的 I/O 引脚。因此，在使用 SPI 模块之前需要对引脚的功能进行选择。SPI 端口控制寄存器 SPIPC1 和 SPIPC2 就是为此服务的，它们各位的定义如表 3.26、表 3.32 和表 3.33 所示。

SPI 端口控制寄存器 SPIPC1 和 SPIPC2 分别设置 SPISTE、SPICLK、SPISIMO、SPI5L MI 4 个引脚的功能。其中每个引脚由 4 位来设置。

- 功能选择位（FUNCTION）。该位为 0 选择 I/O 功能，该位为 1 选择 SPI 的功能。
- I/O 方向位（DATE DIR）。如果选择 I/O 功能，就要确定是作为输入还是作为输出，如果 I/O 方向位为 0 就配置为输入，否则就配置为输出。
- 输入数据位（DATE IN）。当引脚配置为输入的 I/O 引脚时，由输入数据位来读取当前引脚的电平状态。
- 输出数据位（DATE OUT）。当引脚配置为输出的 I/O 引脚时，则向输出数据位写 1 将使当前引脚为高电平，写 0 将使当前引脚为低电平。

3.5 数字 I/O 端口

数字 I/O 是单片机与外界联系的接口。DSP 控制器的数字 I/O 引脚都是功能复用的，即可作普通 I/O 用，也可作其他功能。对于普通 I/O，即可作为输入也可作为输出。因此，DSP 控制器的数字 I/O 引脚对应着二类寄存器：控制类寄存器和数据类寄存器。前者指出某个引脚是作普通 I/O 用还是作为特殊功能用；后者指出作为普通 I/O 时的数据方向，是输入还是输出，以及当前引脚对应的电平（数据）。要注意，读引脚的电平或向引脚输出电平，实际上都是对相应的寄存器进行读写。下面详细介绍 DSP 控制器数字 I/O 的结构和对应的寄存器。

3.5.1 数字 I/O 端口概述

DSP 控制器共有 28 个功能复用的双向 I/O 引脚，这些引脚分为 2 组。

- 组 1：共 20 个引脚，与单比较、全比较、捕获、A/D 等模块功能复用，端口 A、端口 B 和端口 C，如表 3.35 所示。
- 组 2：共 8 个引脚，与 SCI、SPI、外部中断和 PLL 时钟源等模块功能复用，如表 3.36 所示。

表 3.35 共享 I/O 引脚组 1

引脚号	MUX 控制寄存器	引脚功能选择		端口数据和方向		
		CRx-a=1	CRx-a=0	寄存器	数据位	方向控制位
72	CRA-0	ADCIN0	IOPA0	PADATDIR	0	8
73	CRA-1	ADCIN1	IOPA1	PADATDIR	1	9
91	CRA-2	ADCIN9	IOPA2	PADATDIR	2	10
90	CRA-3	ADCIN8	IOPA3	PADATDIR	3	11
100	CRA-8	PWM7/CMP7	IOPB0	PBDATDIR	0	8
101	CRA-9	PWM8/CMP8	IOPB1	PBDATDIR	1	9
102	CRA-10	PWM9/CMP9	IOPB2	PBDATDIR	2	10
105	CRA-11	T1PWM/T1CPM	IOPB3	PBDATDIR	3	11
106	CRA-12	T2PWM/T2CPM	IOPB4	PBDATDIR	4	12
107	CRA-13	T3PWM/T3CPM	IOPB5	PBDATDIR	5	13
108	CRA-14	TMRDIR	IOPB6	PBDATDIR	6	14
109	CRA-15	TMRCLK	IOPB7	PBDATDIR	7	15
63	CRB-0	ADCSOC	IOPC0	PCDATDIR	0	8
	SCR7-5					
	00	IOPC1		PCDATDIR	1	9
	01	CLKOUT（Watekdog clock）				
64	10	CLKOUT（SYSCLK）				
	11	CLKOUT（CPUCLK）				
65	CRB-2	IOP2	XP	PCDATDIR	2	10
66	CRB-3	IOP3	$\overline{\text{BIO}}$	PCDATDIR	3	11

续表

引脚号	MUX 控制寄存器	引脚功能选择		端口数据和方向		
		CRx-a=1	CRx-a=0	寄存器	数据位	方向控制位
67	CRB-4	CAP1/QEP1	IOPC4	PCDATDIR	4	12
68	CRB-5	CAP2/QEP2	IOPC5	PCDATDIR	5	13
69	CRB-6	CAP3	IOPC6	PCDATDIR	6	14
70	CRB-7	CAP4	IOPC7	PCDATDIR	7	15

表 3.36　　　　　　　　　　　　共享 I/O 引脚组 2

引脚号	主功能	外设模块	引脚号	主功能	外设模块
43	SCIRXD	SCI	49	SPICLK	SPI
44	SCITXD	SCI	51	SPISTE	SPI
45	SPISIMO	SPI	54	XINT2	外部中断引脚
48	SPISOMI	SPI	55	XINT3	外部中断引脚

由于单比较、全比较、捕获、A/D 模块引脚的结构不具备双向 I/O 的性质，因此，组 1 的 I/O 引脚功能是专配的，由切换开关进行切换，其结构如图 3.33 所示。每个引脚有 3 位定义操作。

- MUX 控制位——此位选择引脚功能，置 1 时为对应模块的功能引脚，置 0 时为 I/O 引脚。
- I/O 方向位——在引脚设置为 I/O 功能时（MUX 控制位置 0），此位确定引脚数据方向，置 0 时为输入引脚，置 1 时为输出引脚。
- I/O 数据位——在引脚设置为 I/O 功能时（MUX 控制位置 0），且引脚方向设置为输入，则数据从此位读入；若引脚方向设置为输出，则数据被写入该位。该位的数据与引脚的电平是一一对应的。

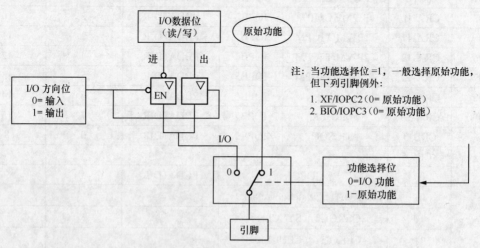

图 3.33　组 1 的复用 I/O 引脚结构示意图

出于 SCI、SPI、外部中断和 PLL 时钟源模块的引脚结构具有双向 I/O 性质，即内置 I/O

功能。因此组 2 的 I/O 引脚不再需要专配 I/O 电路，通过设置相应外设的控制寄存器来设置这组引脚功能即可。

3.5.2 数字 I/O 端口寄存器

对于组 1 的数字 I/O 有二类寄存器：控制寄存器和数据方向寄存器。其中 I/O 控制寄存器 OCRA 和 OCRB 用来选择端口 A、端口 B 和端口 C 的引脚功能；I/O 数据方向寄存器 PADATDIR、PBDATDIR 和 PCDATDIR 分别用来设置端口 A、端口 B 和端口 C。各引脚的数据方向（输入还是输出），以及读写各引脚对应的电平状态。在对 I/O 控制寄存器、引脚的数据方向初始化完成后，用户程序主要就是通过读写 PADATDIR、PBDATDIR 和 PCDATDIR 的相应位来输入和输出引脚的电平。这些寄存器各位的详细定义如表 3.37 所示，使用方法如下。

- 首先确定引脚的功能，即 I/O 控制寄存器 OCRA 和 OCRB 中的 CRxn（x＝A, B；n=0～15）为 1 表示引脚功能是原模块的功能，否则为 I/O 功能。
- 如果引脚被配置为 I/O 功能，就需要确定它的方向：输入还是输出。即 I/O 数据方向寄存器 PADATDIR、PBDATDIR 和 PCDATDIR 中的 xnDIR（x＝A, B, C；n=0～7）为 1 表示是输出引脚，否则是输入引脚。
- 对于 I/O 功能的输入或输出是通过读写 I/O 数据方向寄存器 PADATDIR、PBDATDIR 和 PCDATTDIR 中的 IOPxn（x＝A, B, C；n=0～7）来实现的。输入引脚对应读操作，输出引脚对应写操作。

表 3.37 数字 I/O 端口寄存器

地址	寄存器	位 数							
7090h	OCRA	15	14	13	12	11	10	9	8
		CRA-15	CRA-14	CRA-13	CRA-12	CRA-11	CRA-10	CRA-9	CRA-8
		RW-0	RW-0	RW-0	RW-0	RW-0	RW-0	RW-0	RW-0
		7	6	5	4	3	2	1	0
		Rerserved				CRA-3	CRA-2	CRA-1	CRA-0
						RW-0	RW-0	RW-0	RW-0
7092h	OCRB	15	14	13	12	11	10	9	8
		Rerserved							
		7	6	5	4	3	2	1	0
		CRB-7	CRB-6	CRB-5	CRB-4	CRB-3	CRB-2	保留	CRB-0
		RW-0	RW-0	RW-0	RW-0	RW-0	RW-0	RW-0	RW-0
7098h	PADAPDIR	15	14	13	12	11	10	9	8
		Rerserved				A3DIR	A2DIR	A1DIR	A0DIR
						RW-0	RW-0	RW-0	RW-0
		7	6	5	4	3	2	1	0
		Rerserved				IOPA3	IOPA2	IOPA1	IOPA0
						RW-0	RW-0	RW-0	RW-0

续表

地址	寄存器	位 数							
		15	14	13	12	11	10	9	8
		B7DIR	B6DIR	B5DIR	B4DIR	B3DIR	B2DIR	B1DIR	B0DIR
		RW-0	RW-0	RW-0	RW-0	RW-0	RW-0	RW-0	RW-0
709Ah	PADAPDIR	7	6	5	4	3	2	1	0
		IOPB7	IOPB6	IOPB5	IOPB4	IOPB3	IOPB2	IOPB1	IOPB0
		RW-0	RW-0	RW-0	RW-0	RW-0	RW-0	RW-0	RW-0
		15	14	13	12	11	10	9	8
		C7DIR	C6DIR	C5DIR	C4DIR	C3DIR	C2DIR	C1DIR	C0DIR
		RW-0	RW-0	RW-0	RW-0	RW-0	RW-0	RW-0	RW-0
709Ch	PADAPAIR	7	6	5	4	3	2	1	0
		IOPC7	IOPC6	IOPC5	IOPC4	IOPC3	IOPC2	IOPC1	IOPC0
		RW-0	RW-0	RW-0	RW-0	RW-0	RW-0	RW-0	RW-0

3.6 "看门狗"与实时时钟

单片机控制系统在实际应用时，抗干扰是必须要解决的问题。解决这个问题比较复杂，一方面要查清干扰的主要来源，另一方面要采取相应措施予以防范。在单片机应用系统中，由于干扰的因素或硬件设备的故障，常常会出现程序"跑飞"或"死机"现象，使系统不能正常工作。在单片机中采用"看门狗"与实时时钟是一个很好的办法。

"看门狗"实际上就是一个定时器，它独立地运行，一旦定时器溢出就会复位系统。因此，在应用程序的各个分支上，要按时"喂狗"。即将"看门狗"的计数器清零，不让它发生溢出。这样就可以保证，只要应用系统是按照程序设计的路径走，"看门狗"就不会强行复位系统。但若程序"跑飞"或"死机"，就不可能按时"喂狗"，从而"看门狗"就会产生溢出强行复位系统，将应用系统重新纳入正轨。

实时时钟也是一个定时器，也可等效地作为"看门狗"（实际上，只要是定时器都可以这样做），但它更多的是为系统提供一个连续不断的时钟服务。有了实时时钟，可以容易实现日历与实时时间的功能，实现闹钟的功能，实现分时多任务进程控制的功能等。

图 3.34 所示为 DSP 控制器中"看门狗"与实时时钟的结构示意图。

"看门狗"包含以下几个功能单元。

● 一个 8 位"看门狗"计数寄存器（WDCNTR）。溢出时强行发位系统；通过"喂狗"指令清零。

● 一个 7 位循环计数器，为"看门狗"与实时时钟提供分频时钟信号。该计数器自系统复价就循环计数，没有指令可更改它的计数值。

● 一个"喂狗"用的看门狗清零钥匙寄存器（WDKEY）。当正确的组合指令写入将使"看门狗"清零；否则，将强行复位系统。

● 一个 8 位"看门狗"控制寄存器（WDCR），包含 1 个"看门狗"使能位、3 个"看门狗"认证位、3 个分频系数位和 1 个中断标志位。

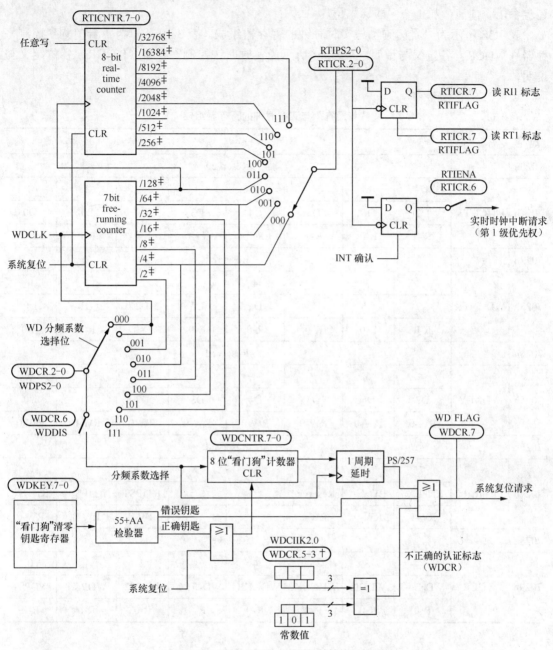

图 3.34 "看门狗"与实时时钟的结构示意图

实时时钟包含以下几个功能单元。

- 一个 8 位实时时钟计数寄存器（RTICNTR）。它和 7 位循环计数器一起构成一个 15 位的计数器，实时时钟何时中断取决于这个 15 位计数器的计数值是否为下列 8 个值中的一个：4、16、64、128、256、512、2 048、16 384。前 4 个值由 7 位循环计数器提供，后 4 个值由实时时钟计数寄存器提供。

- 一个 8 位实时时钟控制寄存器（RTICR）。它决定实时时钟何时可以中断，即内定标位从前列 8 个值中确定一个为基准，当 15 位的计数器的值与基准相等时便产生中断。另外，还包含 1 个使能位和 1 个中断标志位。

表 3.38 所示为"看门狗"与实时时钟的寄存器组成。表 3.39 所示为"看门狗"控制寄存器（WDCR）各定义与说明，表 3.40 所示为实时时钟控制寄存器（RTICR）各位定义与说明。

表 3.38   "看门狗"与实时时钟的寄存器组成

地址	寄存器	位　数							
7020h	—	Reserved							
7021h	RTICNTR	7	6	5	4	3	2	1	0
		D7	D6	D5	D4	D3	D2	D1	D0
		R-0	R-0	R-0	R-0	R-0	R-0	R-0	R-0
7022h	—	Reserved							
7023h	WDCNTR	7	6	5	4	3	2	1	0
		D7	D6	D5	D4	D3	D2	D1	D0
		R-0	R-0	R-0	R-0	R-0	R-0	R-0	R-0
7024h	—	Reserved							
7025h	WDKEY	7	6	5	4	3	2	1	0
		D7	D6	D5	D4	D3	D2	D1	D0
		RW-0	RW-0	RW-0	RW-0	RW-0	RW-0	RW-0	RW-0
7026h	—	Reserved							
7027h	RTICR	7	6	5	4	3	2	1	0
		RTIFLAG	BTIENA	Reserved			RTIPS2	RTIPS 1	RTIPS 0
		RW-0	RW-0	RW-0			RW-0	RW-0	RW-0
7028h	—	Reserved							
7029h	WDCR	7	6	5	4	3	2	1	0
		WDFLAG	WDDIS	WDCHK2	WDCHK1	WDCHK0	WDPS2	WDPS 1	WDPS 0
		R-0	R-0	R-0	R-0	R-0	R-0	R-0	R-0

表 3.39   "看门狗"控制寄存器（WDCR）各定义与说明

位	定　义		说　明
Bits7	WDFLAG	0	未产生"看门狗"中断
		1	产生了"看门狗"中断
Bits6	WDDIS	0	开启"看门狗"
		1	关闭"看门狗"
Bits5～Bits3	WDCHK2：0—101		"看门狗"认证位

续表

位	定 义			说 明
	WDPS2：0			
	0	0	0	WDCLK 的分频系数=1
	0	0	1	WDCLK 的分频系数=1
	0	1	0	WDCLK 的分频系数=2
Bits2～Bits0	0	1	1	WDCLK 的分频系数=4
	1	0	0	WDCLK 的分频系数=8
	1	0	1	WDCLK 的分频系数=16
	1	1	0	WDCLK 的分频系数=32
	1	1	1	WDCLK 的分频系数=54

表 3.40　　　　　　　　　实时时钟控制寄存器（RTICR）各位定义与说明

位	定 义		说 明		
Bits7	RTIFLAG	0	未产生实时时钟中断		
		1	产生了实时时钟中断		
Bits6	RTIENA	0	清除目前尚未应答的中断，并关闭以后的中断		
		1	允许中断		
Bits5～Bits3	保　留				
	RTIPS2：0	基准值（WDCLK 的分频数）	输出频率 Hz（WDCLK=16384Hz）	输出频率 Hz（WDCLK=15625Hz）	
	PLLPM1	4	4 096	3 906.25	
	0	16	1 024	976.56	
	0	64	256	244.14	
Bits2～Bits0	1	128	128	122.07	
	1	256	64	61.04	
	ACLKENA	512	32	30.52	
		2 048	8	7.63	
	PLLPS	16 384	1	0.95	

　　"看门狗"与实时时钟由系统时钟源模块的 WDCLK 提供输入时钟。"看门狗"计数寄存器（WDCNTR）的输入脉冲由 WDCLK 经分频产生，分频系数由"看门狗"控制寄存器（WDCR）设置。实时时钟计数寄存器（RTICNTR）的输入脉冲由 7 位循环计数器的溢出脉冲提供，因此它们组成一个 15 位的计数器。7 位循环计数器自系统加电复位后，便循环计数，

不受其他指令的影响。"看门狗"计数寄存器和实时时钟计数寄存器可以清零，但循环计数器不能，除非系统复位。由于 WDCLK 只在系统空闲方式 3（振荡器掉电）下停止，所以"看门狗"与实时时钟在正常工作方式以及系统空闲方式 0、1、2 都能作用。

在"看门狗"计数寄存器（WDCNTR）溢出之前要进行"喂狗"，否则就会强行复位系统。"喂狗"的操作就是对看门狗清零钥匙寄存器（WDKEY）写入一个正确的序列：先写 55H，紧接着写 AAH。如果写入序列不正确，也会强行复位系统。"看门狗"计数寄存器（WDCNTR）溢出或写入序列不正确，都会在"看门狗"控制寄存器 WDCR 中置标志 WDFLAG。在发生"看门狗"中断后，需由软件将标志 WDFLAG 清零，否则将再次进入该中断。

如果不想使用"看门狗"，一方面要将"看门狗"控制寄存器 WDCR 中的 WDDIS 置 1；另一方面在系统加电复位期间，引脚 VCCP 必须施加 5V 高电平。只有在这两个条件满足的情况下，才可能关闭"看门狗"。

"看门狗"控制寄存器 WDCR 中的 WDCHK2:0 是看门狗的认证位，正常情况下为 101。如果由于某种干扰（尖峰脉冲、电磁干扰等）或人为改写了 WDCHK2:0，不再是 101，将会强行复位系统。

实时时钟的定时时间是可以编程的，与通用定时器不一样，定时时间不能连续设置，只能分 8 级，由实时时钟控制寄存器（RTICR）的 RTIPS2:0 来选择当实时时钟计数寄存器（RTICNTR）和 7 位循环计数器组成的 15 位计数器的值与选择的基准值相等时便产生实时时钟中断，并将实时时钟控制寄存器（RTICR）的 RTIFLAG 置 1，实时时钟中断标志 RTIFLAG 由软件清零。

由于 7 位循环计数器自系统加电后不停地计数，因此实时时钟的第一次定时时间是不确定的，这一点在编程时要注意。

3.7 中断管理系统

中断是计算机一种特殊的运行方式。在正常情况下 CPU 按照程序预定的路线运行，当外围设备（片内或片外）有事件产生需要 CPU 来处理，即发出中断请求信号，CPU 暂停工作，保存好现场；然后转向到该中断请求对应的服务子程序的入口处；待服务子程序运行完毕，CPU 自动恢复现场，从原停顿点继续往下运行。计算机采用中断方式，可以节省 CPU 资源，CPU 可以不花时间去轮寻外围设备是否要服务。每一种计算机都有多个中断源，CPU 对中断的响应也需要按序进行，因此需要一个中断管理系统模块对中断源进行管理控制。

DSP 控制器的中断由 DSP 内核中断、事件管理模块的中断和系统模块中断组成。DSP 内核中断包括：由指令 INTR、NMI 和 TRAP 产生的软件中断和来自复位 $\overline{\text{RS}}$、非屏蔽 NMI 和可屏蔽 INTx（x=1，2，3，4，5，6）的硬件中断。事件管理模块的中断包括：通用定时器的周期事件中断、通用定时器的比较事件中断、通用定时器的溢出事件中断、单比较中断、全比较中断、捕获中断和电源驱动保护中断。系统模块中断包括：A/D 转换中断、串行通信 SCI 的接收中断、串行通信 SCI 的发送中断、串行外设接口 SPI 中断、外部引脚 XINTx（x=1、2，3）产生的可屏蔽中断和外部非屏蔽引脚 NMI 中断。它们之间的关系如图 3.35 所示。

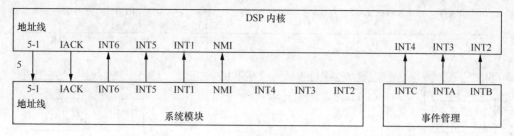

（a）内核中断

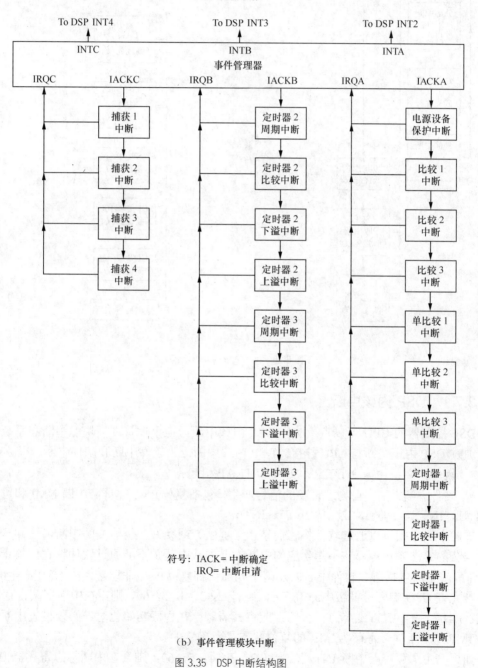

符号：IACK = 中断确定
IRQ = 中断申请

（b）事件管理模块中断

图 3.35 DSP 中断结构图

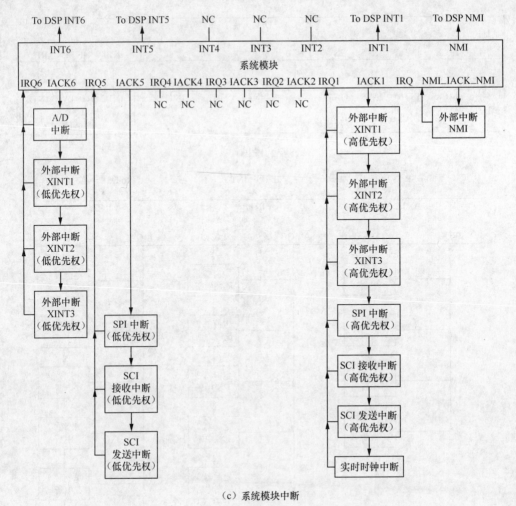

（c）系统模块中断

图 3.35　DSP 中断结构图（续）

3.7.1　DSP 内核中断

DSP 控制器的 CPU 可以直接响应 DSP 内核中断，但事件管理模块的中断和系统模块中断要通过 DSP 内核中断与 CPU 挂接。DSP 内核中断分为软件中断和硬件中断。

- 软件中断：由指令 IKTR、NMI 和 TRAP 引起。
- 硬件中断：由来自物理设备的信号产生，包括复位 $\overline{RS}$、非屏蔽中断 NMI 和可屏蔽中断 ITN1、INT 2、INT 3、INT4、INT5、INT6。

屏蔽中断是指可以通过软件将它们禁止（屏蔽）或允许（位能）的中断，这样一来可以通过屏蔽的方法禁止掉那些不想响应的中断。非屏蔽中断是不能通过软件将它们禁止掉的中断。非屏蔽中断包括所有软件中断以及两个外部引脚复位 $\overline{RS}$、非屏蔽中断 NMI 产生的中断。

若允许 CPU 响应可屏蔽中断 INTx（x=1，2，3，4，5，6），则需在中断屏蔽寄存器 IMR（见表 3.41）中的 INTx 位置 1；否则，应将其清零。在程序初始化时，必须设置中断屏蔽寄存器 IMR，中断屏蔽寄存器 IMR 的复位状态是不确定的。

如果产生了可屏蔽中断 INTx（x=1，2，3，4，5，6），则会在中断标志寄存器 IFR（见

表 3.41）中的 INTx 位由硬件置 1，表明正在等待 CPU 响应。读中断标志寄存器 IFR 中的 INTx 位可以识别该中断是否产生；向中断标志寄存器 IFR 中的 INTx 位写 1 将清除这个中断请求；将中断标志寄存器 IFR 的内容写回 IFR 可清除所有产生的中断请求。

表 3.41 中断屏蔽寄存器 IMR 和中断标志寄存器 IFR 的组成

地址	寄存器	位 数						
0004h	IMR	15~6	5	4	3	2	1	0
		Reserved	INT6	INT5	INT4	INT3	INT2	INT1
			R/W-0	R/W-0	R/W-0	R/W-0	R/W-0	R/W-0
0006h	IFR	15~6	5	4	3	2	1	0
		Reserved	INT6	INT5	INT4	INT3	INT2	INT1
			R/W-0	R/W-0	R/W-0	R/W-0	R/W-0	R/W-0

当中断请求信号产生后，最重要的是 CPU 怎样去识别，CPU 怎样去响应。为此，DSP 控制器给每个中断分配了一个特定的入口地址，称为中断向量，如表 3.41 所示。当某个中断发出请求，而且允许它中断，则 CPU 先将当前的 PC 加 1 压入堆栈，即保护返回（断点）地址；然后，CPU 自动地将该请求中断的向量地址送入 PC，CPU 便转入该请求中断的服务子程序运行；当碰到服务子程序的返回指令 RET，CPU 自动将堆栈中的返回地址弹出到 PC 中，恢复中断前的程序继续运行。DSP 中断结构图如图 3.35 所示。

这里要说明的是，从表 3.42 知两个相邻的中断向量地址相差为 2，要在这个空间中放入中断服务子程序是不够的。因此，在这个空间中一般是放入一条分支指令（如 B、BACC，这样就可以在较大的程序存储器空间中开辟出一块存放中断服务子程序的空间，通过中断向量处的分支指令转入到真正的中断服务子程序空间的入口上。

每个中断都是独立工作的，它们有可能同时发出中断请求。为了处理这种并发竞争，对每个中断赋有一个优先级，优先级高的先响应。

DSP 控制器内核的可屏蔽中断 INTx（x=1，2，3，4，5，6）与片内外设和外部可屏蔽中断引脚有着密切关系，下面会详细介绍。对于其他中断，在应用时要注意。

• 外部引脚 $\overline{RS}$：复传信号实质上是一个中断请求信号，而且是不可屏蔽的。当这个信号有效后，CPU 将终止一切工作，把系统复位到预定的缺省状态上；同时，自动转到复位中断向量 0000H 开始程序的运行，因此在程序存储器的随地址 0000H 必须安排一个分支到主程序入口的指令。

• 外部引脚 NMI：引脚 NMI 产生的中断是不可屏蔽的，主要用于处理外部最紧要的事情。当发生引脚 NMI 中断时，状态寄存器 ST0 的中断模式位 INTM 被自动置为 1，所有可屏蔽中断不再响应。另外，引脚 NMI 可以低电平产生中断，也可以高电平产生中断，由外部中断控制寄存器 XINTA—NMICR 来设置。

• 指令 INTR k：软件指令引起的中断响应过程与硬件中断一样。当执行到指令 INTR k 时，CPU 将自动转入到 INTR k 对应的中断向量地址处。要注意，指令 INTR k 引起中断时，状态寄存器 ST0 的中断模式位 INTM 被自动置为 1，所有可屏蔽中断不再响应，并且不影响中断标志寄存器 IFR 中的标志。

• 指令 NMI：NMI 指令的中断向量与外部引脚 NMI 的中断向量是同一个地址（24H），

因此执行 NMI 指令和驱动外部引脚 NMI 为低电平，将执行同一个中断服务子程序。指令 NMI 引起中断时、状态寄存器 ST0 的中断模式位 INTM 被自动置为 1，所有可屏蔽中断不再响应。

- 指令 TRAP：该指令引起的中断响应过程与其他中断类似，但不影响可屏蔽中断的响应。

DSP 控制器的硬件堆栈只有 8 级。每进行一次中断或调用了程序，CPU 都自动地将返回地址压入堆栈，所以最多允许中断或子程序嵌套 8 级。如果在中断服务子程序或调用子程序中使用了主程序用到的累加器、乘法器以及内存单元，而这些数据不允许干程序对其进行修改，那么在子程序的最前面要将这些数据保存，这也是现场保护的一部分，即返回地址由 CPU 自动保护，数据保护由用户编程完成。保存的方法有两种：通过传送指令将要保护的数据改到一个保护区中，或者通过 PUSH、PSHD 指令将要保护的数据压入列硬件堆栈（此时，中断或子程序嵌套将少于 8 级）。当子程序退出前（RET 指令之前），需要将保护的数据按序恢复，以保证主程序的正常运行。为了采用堆栈的形式保护较多的数据，可以通过 PSHD、POPD 指令按一定的逻辑关系将硬件堆栈延伸到数据存储器中。

中断嵌套要特别小心，万一硬件堆栈溢出，将不能正确地返回，从而使程序"跑飞"导致死机。如果不希望可屏蔽中断嵌套，可在中断服务+程序开始，将状态寄存器 ST0 的中断模式位 INTM 置 1；在退出中断服务子程序之前，将状态寄存器 ST0 的中断模式位 IHTM 清零。

发出中断请求到得到服务之间的延迟时间，与很多因素有关。

- 软件中断最少要延迟 4 个 CPU 时钟周期。
- 外部可屏蔽中断最少要延迟 8 个 CPU 时钟周期。
- 若在使用 RPT 重复时发生中断，为了保证指令流水线的完整响应中断。但复位中断例外。
- 为使 CPU 能完成返回、在 RET 指令后中断被禁止，直至在返回地址上至少执行一条指令。
- 读写速度慢的外部存储器需要等待延时，如果中断向量存放在外部存储器，等待状态会影响中断的响应时间。
- 如果在 HOLD 操作时发生中断，并且需要从外部存储器取中断向量，那么在 $\overline{HOLDA}$ 无效前不能取中断向量。

3.7.2 事件管理模块的中断

事件管理模块的中断与 DSP 内核中断的关系如图 3.35（b）所示。事件管理模块的中断分为 3 组，分别对应 DSP 内核中断中的 INT2、INT3、INT4。

- INTA：电源保护中断 PDPINT，全比较中断 COMP1INT、COMP2INT、COMP3INT，单比较中断 SCMP1INT、SCMP2INT、SCMP3INT，通用定时器 1 的周期匹配中断 T1PINT、比较匹配中断 T1CINT、下溢中断 T1UFINT、上溢中断 T1OFINT。
- INTB：通用定时器 2 的周期匹配中断 T2PINT、比较匹配中断 T2CINT、下溢中断 T2UFINT、上溢中断 T2OFINT，通用定时器 3 的周期匹配中断 T3PINT、比较匹配中断 T3CINT、下溢中断 T3UFINT、上溢中断 T3OFINT。
- INTC：捕获中断 CMP1INT、CMP2INT、CMP3INT，CMP4INT。

这 3 组中断都是可屏蔽的，分别由事件屏蔽寄存器 EVIMRA、EVIMRB、EVIMRC 进行设置（见表 3.42）。事件屏蔽寄存器 EVIMRA、EVIMRB、EVIMRC 中某一位为 0，对应的中断被屏蔽，否则将开启这个中断。当这 3 组中的任一个中断发出请求信号，都会在相应的事件中断标志寄存器 EVIMRA、EVIMRB、EVIMRC 中的对应的位置上置 1（事件中断的内容可见 3.7.1 小节）；如果这些中断未屏蔽，将同时触发相应的 DSP 内核中断；如果该 DSP 内核中断未屏蔽，CPU 将响应这个中断。

表 3.42　　事件管理模块的中断寄存器的组成

地址	寄存器	位　数							
742Ch 742Fh	EVIMRA EVIVRA	15	14	13	12	11	10	9	8
		Reserved	Reserved	Reserved	Reserved	Reserved	T1OFINT	T1UFINT	T1CINT
							R/W-0	R/W-0	R/W-0
		7	6	5	4	3	2	1	0
		T1PINT	SCMP3INT	SCMP2INT	SCMP1INT	CMP3INT	CMP2INT	CMP1INT	PDPINT
		R/W-0	R/W-0	R/W-0	R/W-0	R/W-0	R/W-0	R/W-0	R/W-0
742Dh 7430h	EVIMRB EVIVRB	15	14	13	12	11	10	9	8
		Reserved	Reserved	Reserved	Reserved	Reserved	Reserved	Reserved	Reserved
		7	6	5	4	3	2	1	0
		T3OFINT	T3UFINT	T3CINT	T3PINT	T2OFINT	T2UFINT	T2CINT	T2PINT
		R/W-0	R/W-0	R/W-0	R/W-0	R/W-0	R/W-0	R/W-0	R/W-0
742Eh 7431h	EVIMRC EVIVRC	15	14	13	12	11	10	9	8
		Reserved	Reserved	Reserved	Reserved	Reserved	Reserved	Reserved	Reserved
		7	6	5	4	3	2	1	0
		Reserved	Reserved	Reserved	Reserved	CAP4INT	CAP3INT	CAP2INT	CAP1INT
						R/W-0	R/W-0	R/W-0	R/W-0
701Eh	SYSIVR	15	14	13	12	11	10	9	8
		0	0	0	0	0	0	0	0
		R-0	R-0	R-0	R-0	R-0	R-0	R-0	R-0
		7	6	5	4	3	2	1	0
		0	0	D5	D4	D3	D2	D1	D0
		R-0	R-0	R-0	R-0	R-0	R-0	R-0	R-0

这里有一个问题。如 INTA 组中的某一个中断发出请求信号，如果所有有关的中断都未屏蔽，那么将触发 DSP 内核中断 INT2，按照 DSP 内核中断的响应过程、CPU 先保护返回地址，接着进入到 INT2 的中断向量地址 0004H 处。问题是 CPU 怎样得知是 INTA 组中的哪一个中断发出的请求信号？由于多个中断门（INTA）用同一个中断（INT2）与 CPU 打交道，必然要求有一种区别的方法，才不会混乱。实际上有两种方案可选。

● 当进入到 DSP 内核中断（INT2、INT3、INT4）的服务子程序后，通过读事件中断标志寄存器（EVIMRA、EVIMRB、EVIMRC）的标志，以分辨是哪个中断发出了请求信号。这种方案需要较多的 CPU 时钟开销。

● 为了更好地处理中断复用情况，DSP 控制器为事件管理模块的每一个中断分配了一个偏移向量地址（见表 3.43），并且当某个事件管理模块中断发出了请求信号，会自动地将该中断的偏移向量地址写入到对应的事件中断向量寄存器（EVIVRA、EVIVRB、EVIVRC）中（见表 3.42）。这样一来，当进入到 DSP 内核中断（INT2、INT3、INT4）的服务子程序后，将事件中断向量寄存器（EVIVRA、EVIVRB、EVIVRC）的内容送到累加器，然后经分支指令便可转入到专为某个事件管理模块中断所写的中断服务子程序的入口上。例如：

```
0004h        B GISR2              ; INT2 的入口，通过分支指令 B 转入到
                                  ; 真正的中断服务子程序入口 GISR2

1000h GISR2  ……                  ; 这里要安排一些现场数据保护的指令
             LACC   EVIVRA, 8     ; 假定 T1PINT 发出请求，则 EVIVRA=0027H
             BACC                 ; 经过分支指令 BACC 便可转入到真正的
                                  ; T1PINT 的中断服务子程序的入口
2700H                            ; T1PINT 中断服务子程序的入口
```

对于中断复用情况采用偏移向量地址是一个很好的办法，可节约 CPU 时钟开销，也可以减少程序存储器的存储开销，因为采用中断标志分辨的方法需要进行许多次条件判断才能把涉及的中断分辨出来。而采用偏移向量地址的方法，只需两条指令即可完成分辨任务。

表 3.43　　　　　　　　　　　　　DSP 控制器中断向量

优先级	中断名称	DSP 内核中断向量地址	外设向量寄存器地址	外设偏移向量地址	是否可屏蔽	控制器模块	功　能
1（最高）	RS	$\overline{RS}$（0000h）	N/A	N/A	不可	内核，SD	外部或系统复位
2	保留	INT2（0026h）	N/A	N/A	不可	内核	仿真中断
3	NMI	NMI（0024h）	N/A	0002h	不可	内核，SD	外部用户中断
4	XINT1			0001h	可		有优先级外部用户中断
5	XINT2			0011h	可	SD	
6	XINT3			001Fh	可		
7	SPIINT			0005h	可	SPI	高优先级 SPI 中断
8	RXINT	INT1（0002h）（系统模块）	SYSIVR 701Eh	0006h	可	SCI	SCI 接收中断
9	TXINT			0007h	可	SCI	SCI 发送中断
10	RTINT			0010h	可	WDT	实时中断
11	PDPINT			0020h	可	外部	功率驱动保护
12	CMP1INT	INT2（0004h）（事件管理器中断组 A）	7432h	0021h	可	EV，CMP1	全比较 1 中断
13	CMP2INT			0022h	可	EV，CMP2	全比较 2 中断
14	CMP3INT			0023h	可	EV，CMP3	全比较 3 中断

优先级	中断名称	DSP 内核中断向量地址	外设向量寄存器地址	外设偏移向量地址	是否可屏蔽	控制器模块	功　能
15	SCMP1INT			0024h	可	EV，CMP4	单比较 1 中断
16	SCMP2INT			0025h	可	EV，CMP5	单比较 2 中断
17	SCMP3INT			0026h	可	EV，CMP6	单比较 3 中断
18	TPINT1			0027h	可	EV，GPT1	定时器 1 周期中断
19	TCINT1			0028h	可	EV，GPT1	定时器 1 较中断
20	TUFINT1			0029h	可	EV，GPT1	定时器 1 下溢中断
21	TOFINT1			002Ah	可	EV，GPT1	定时器 1 上溢中断
22	TPINT2			002Bh	可	EV，GPT2	定时器 2 周期中断
23	TCINT2			002Ch	可	EV，GPT2	定时器 2 较中断
24	TUFINT2			002Dh	可	EV，GPT2	定时器 2 下溢中断
25	TOFINT2	INT3（0006h）（事件管理器中断组 B）	7433h	002Eh	可	EV，GPT2	定时器 2 上溢中断
26	TPINT3			002Fh	可	EV，GPT3	定时器 3 周期中断
27	TCINT3			0030h	可	EV，GPT3	定时器 3 较中断
28	TUFINT3			0031h	可	EV，GPT3	定时器 3 下溢中断
29	TOFINT3			0032h	可	EV，GPT3	定时器 3 上溢中断
30	CAPINT1			0033h	可	EV，CAP1	捕获 1 中断
31	CAPINT2	INT4（0008h）（事件管理器中断组 C）	7434h	0034h	可	EV，CAP2	捕获 2 中断
32	CAPINT3			0035h	可	EV，CAP3	捕获 3 中断
33	CAPINT4			0036h	可	EV，CAP4	捕获 4 中断
34	SPIINT	INT5（000Ah）（系统）	SYSIVR（701Eh）	0005h	可	SPI	在优先级 SPI 中断

续表

优先级	中断名称	DSP 内核中断向量地址	外设向量寄存器地址	外设偏移向量地址	是否可屏蔽	控制器模块	功　能
35	RXINT			0006h	可	SCI	SCI 接收中断
36	TXINT			0007h	可	SCI	SCI 接收中断
37	ADCINT	INT6（000Ch）（系统）	SYSIVR（701Eh）	0001h	可	ADC	模/数转换中断
38	XINT1			0001h	可	外部引脚	在优先级外部用户中断
39	XINT2			0011h	可		
40	XINT3			001Fh	可		
41	保留		N/A		可	内核	用于分析
N/A	TRAP	0022h	N/A		N/A		TRAP 指令向量

3.7.3　系统模块中断

系统模块的中断与 DSP 内核中断的关系如图 3.35（c）所示。系统模块的中断分为 4 组，分别对应 DSP 内核中断的 INT1、INT5、INT6 和 NMI。

- INT1：高优先级的外部引脚中断 XINT1、XINT2、XINT3，高优先级的串行外设接口 SPI 中断 SPIINT，高优先级的串行通信 SCI 发光中断 TXINT，高优先级的串行通信 SCI 接收中断 RXINT，实时时钟中断 RTINT。
- INT5：低优光级的串行外设接口 SPI 中断 SPIINT，低优先级的串行通信 SCI 发送中断 TXINT，低优先级的串行通信 SCI 接收中断 RXINT。
- INT6：A/D 转换中断 ADCINT，低优先级的外部引脚中断 XINT1、XINT2、XINT3。
- NMI：外部引脚 NMI 中断。

上述中断除了 NMI 中断外，都是可以屏蔽的。外部引脚中断 XINTx（$x=1$，2，3）的屏蔽由外部引脚中断控制寄存器 XINTxCR 的使能位 XINTxEN 设置（见表 3.44）；串行外设接口 SPI 中断 SPIINT 的屏蔽由 SPI 工作控制寄存器 SPICTL 的使能位 SPINTEN 设置（见表

表 3.44　　　　　　　　　　外部引脚中断控制寄存器的组成

地址	寄存器	位　　　数							
		15	14	13	12	11	10	9	8
		XINT1Flag	Reserved	Reserved	Reserved	Reserved	Reserved	Reserved	Reserved
		R/C-0							
7070h	XINT1CR	7	6	5	4	3	2	1	0
		Reserved	XINT1 Pin data	XINT1 NWI Enable	Reserved	Reserved	XINT1 Polarity	XINT1 Priority	XINT1 Enable
							R/W-0	R/W-0	R/W-0

地址	寄存器	位 数							
7078h 707Ah	XINT2CR XINT3CR (x=1, 2, 3)	15	14	13	12	11	10	9	8
		XINT1x Flag	Reserved	Reserved	Reserved	Reserved	Reserved	Reserved	Reserved
		R/C-0							
		7	6	5	4	3	2	1	0
		Reserved	XINTx Pin data	Reserved	XINTx Data dir	XINTx Data dir	XINTx Polarity	XINTx Priority	XINTx Enable
			R-p				R/W-0	R/W-0	R/W-0
7072h	NMICR	15	14	13	12	11	10	9	8
		NMI Flag	Reserved	Reserved	Reserved	Reserved	Reserved	Reserved	Reserved
		R/C-0							
		7	6	5	4	3	2	1	0
		Reserved	NMI Pin data	NMI Enable	Reserved	Reserved	NMI Polarity	Reserved	Reserved
			R-v	R/W-0			R/W-0		
701Eh	SYSIVR	15	14	13	12	11	10	9	8
		D15	D14	D13	D12	D11	D10	D9	D8
		R-0	R-0	R-0	R-0	R-0	R-0	R-0	R-0
		7	6	5	4	3	2	1	0
		D7	D6	D5	D4	D3	D2	D1	D0
		R-0	R-0	R-0	R-0	R-0	R-0	R-0	R-0

3.25）；串行通信 SCI 发送和接收中断 TXINT、RXINT 由 SCI 控制寄存器 SCICLT2 的使能位 TX/BKEN、RX/BKBN 设置（见表 3.17）；A/D 转换中断 ADCINT 的屏蔽由 ADC 护制位 TX/BKEN、RX/BKBN 设置（见表 3.17）；A/D 转换中断 ADCINT 的屏蔽由 ADC 控制寄存器 ADCTRL1 的 ADCINTEN 设置（见表 3.14）；实时时钟中断 RTINT 出实时中断控制寄存器 RTICR 的使能位 RTIEN 设置（见表 3.40）。

外部引脚 NMI 中断、外部引脚中断 XINTx（x＝1，2，3）、串行外设接口 SPI 中断、串行通信 SCI 发送中断、串行通信 SCI 接收中断、A/D 转换中断以及实时时钟中断产生后，都会分别在 NMI 控制寄存钱 NMICR 的 NMIF 位、XINTx 控制寄存器 XINTxCR 的 XINTxF 位、SPI 状态寄存器 SPISTS 的 SPIINTF 位、SCI 控制寄存器 SCICTL2 的 TXRDY 位、SCI 接收状态寄存器 SCIRXST 的 RXRDY 或 BRKDT 位、ADC 控制寄存器 ADCTRL1 的 ADCINTFLAG 位、实时中断控制寄存器 RTICR 的 RTIF 位上置 1，以表示该中断的发生。

与其他中断不同，外部引脚中断 XINTx、串行外设接口 SPI 中断、串行通信 SCI 发送中断、串行通信 SCI 接收中断的优先级是可编程的，分别由 XINTx 控制寄存器 XINTxCR 的 XINTx Priority 位、SPI 优先级寄存器 SPISTS 的 SPI Priority 位、SCI 优先级控制寄存器 SCIPRI 的 SCITX Priority 位、SCIRX Priority 位进行设置，写 1 为高优先级，写 0 为低优先级。这里的优先级高低是对 DSP 内核中断 INT1、INT5、INT6 而言的。

外部引脚中断 XINTx 的触发极性是可编程的，由 XINTx 控制寄存器 XINTxCR 的、XINTx

Polarty 位设置。若该位为 0，则以下降沿触发；若该位为 1，则以上升沿触发。

由于系统模块中断与 DSP 内核中断 INT1、INT5、INT6 复用，因此与事件管理模块中断一样，当 CPU 响应 DSP 内核中断 INT 1、INT 5、INT 6 时，存在一个分辨是哪一个系统模块中断引发的问题。为此也有如下类似的两种方案。

- 当进入到 DSP 内核中断（INT1、INT5、INT6）的服务子程序后，通过判断 XINTx 控制寄存器 XINTxCR 的 XINTxF 位、SPI 状态寄存器 SPISTS 的 SPIINTF、SCI 控制寄存器 SCICTL2 的 TXRDY 位、SCI 接收状态寄存器 SCIRXST 的 RXRDY 或 BRKDT 位、实时中断控制寄存器 RTICR 的 RTIF 位上是否为 1 来分辨是哪个中断发出了请求信号。这种方案需要较多的 CPU 时钟开销。

- 与事件管理模块类似，DSP 控制器也给系统模块的每一个中断（除 NMI 外）分配了一个偏移向量地址（见表 3.41），并且当某个系统模块中断发出了请求信号，会自动地将该中断的偏移向量地址写入到系统模块中断向量寄存器 SYSIVR 中。这样一来，当进入到 DSP 内核中断（INT1、INT5、INT6）的服务子程序后，将系统模块中断向量寄存器 SYSIVR 的内容送到累加器，然后经分支指令便可转入到专为某个系统模块中断所写的中断服务子程序的入口上。

由于 DSP 内核中断 INTk（$k=1$，2，3，4，5，6），也可以由软件指令产生。因此，当执行软件指令 INTRk（$k=1$，2，3，4，5，6）或事件管理模块中断、系统模块中断线上出现虚假信号，此时事件中断向量寄存器（EVIVRA、EVIVRB、EVIVRC）或系统模块中断向量寄存器 SYSIVR 的内容应该是不确定的，但是为了使采用偏移向量地址方法能完整地进行，DSP 控制器在这两种情况下，自动地格一个虚构的偏移向量地址（0000h）放入到向量寄存器中。因此，在中断服务子程序中要小心处理这种情况。

思 考 题

1. TMS320C2xx 片内外设主要有哪些？
2. 简单介绍事件管理器（EV）模块中通用 GP 定时器的 4 种可选的操作模式。
3. 如何在 DSP 系统中实现"看门狗"功能？
4. DSP 的并口总线与串口各有何用途？哪种速度快？哪种连线简单？
5. 简述中断响应的流程及导致中断响应延时的因素。

第 **4** 章　寻址方式与指令系统

本章介绍 TMS320C2xx 系列 DSP 控制器的寻址方式与指令系统。与其他微处理器不同的是，DSP 控制器的汇编指令系统属于精简指令系统，只有 3 种寻址方式：立即寻址、直接寻址、间接寻址。由于 DSP 控制器采用哈佛总线结构（基本特征是多组芯片内总线），具有独一无二的 16 位×16 位硬件乘法器、输入/输出定标移位器、微堆栈等硬件资源，使 DSP 大部分指令的指令周期缩短为最小一个时钟周期，并且具备执行数字信号处理算法的特殊指令，如"乘累加 MAC"指令，能在一个指令周期中，执行一次 32 位乘积累加运算和一次 16 位×16 位产生 32 位乘积的运算。因此，DSP 汇编指令的书写格式更简洁、功能更强、效率更高。DSP 指令系统按功能划分，可分为 4 大类：数据传送、算术运算、逻辑运算、控制转移；按操作对象划分，可分为 6 大类：累加器算术和逻辑运算指令、辅助寄存器指令、T 和 P 寄存器及乘法指令、转移指令、控制指令、输入/输出和存储器指令。

4.1　寻址方式

寻址方式是指汇编指令从存储单元获取数据的方式。立即寻址，顾名思义就是指令机器码中就包含有要存取的数据。因此，立即寻址的立即常数是随指令机器码存放在程序存储器中的。

直接寻址，是指指令机器码中包含有要存取的数据的数据存储器地址。不过，DSP 的直接寻址有点特殊，汇编指令助记符中包含的直接寻址的 16 位符号地址值只是低 7 位有效，高 9 位必须在页指针中确定。

间接寻址，是指借用一个 16 位基址寄存器存放要存取数据的数据存储器地址，从该 16 位寄存器指向的数据存储器地址单元存取数据。DSP 共有 8 个这样的 16 位基址寄存器，称为辅助寄存器 AR0～AR7。

4.1.1　立即寻址方式

在立即寻址方式中，指令字中包含一个受指令操作的常数。C2XX 支持两类立即寻址方式：短立即寻址方式和长立即寻址方式。

短立即寻址方式：使用短立即寻址方式的指令含有一个 8 位、9 位或 13 位的常数作为指令操作数。短立即指令需要一个包含常数的单指令字。

长立即寻址方式：使用长立即寻址方式的指令采用 16 位常数作指令操作数，并需要两个指令字，常数作为第二指令字，该 16 位值可以用做一个绝对常数或一个 2 的补码数。

1. 立即寻址方式指令语句格式

[标号][：] 汇编指令助记符 #操作数

[ ]表示可选项，可有可无，根据情况选择；

前缀#表示它后面的操作数是立即数，即使该操作数是寄存器或符号地址也是如此。

2. 立即寻址方式举例

在例 4-1 中，RPT 指令字节包含了立即操作数。对于该 RPT 指令，指令寄存器将装载图 4-1 中所示的值。符号#位于立即操作数之前。

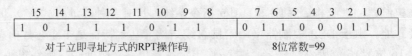

15	14	13	12	11	10	9	8		7	6	5	4	3	2	1	0
1	0	1	1	1	0	1	1		0	1	1	0	0	0	1	1

对于立即寻址方式的RPT操作码　　　　　　8位常数=99

图 4.1　例 4-1 中的指令寄存器内容

【例 4-1】采用短立即寻址方式的 RPT 指令。

RPT#99 ；执行 RPT 后面下一条指令 100 次（执行 RPT 后面的那条指令）下一条指令

在例 4-2 中，第二指令字包含立即操作数，指令寄存器连续接收如图 4.2 所示的两个 16 位值。

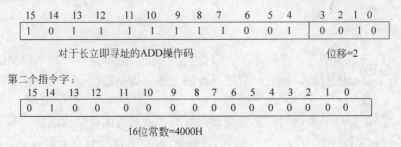

第一个指令字：

15	14	13	12	11	10	9	8	7	6	5	4		3	2	1	0
1	0	1	1	1	1	1	1	1	0	0	1		0	0	1	0

对于长立即寻址的ADD操作码　　　　　　　　　位移=2

第二个指令字：

15	14	13	12	11	10	9	8	7	6	5	4	3	2	1	0
0	1	0	0	0	0	0	0	0	0	0	0	0	0	0	0

16位常数=4000H

图 4.2　例 4-2 中的指令寄存器内容

【例 4-2】采用长立即寻址方式的 ADD 指令。

ADD # 16384，2 ；常数 16384 左移 2 位的结果加到累加器

该指令连续装载两个字到指令寄存器中，第一个指令字为 ADD 指令的操作码，第二个指令字为 16 位常数。

4.1.2　直接寻址方式

在直接寻址方式中，数据存储器分配在 128 字的块中，称为数据页，整个 64K 的数据存储器包含了 512 个标有 0～511 的数据页，如图 4.3 所示。当前数据页由状态寄存器 ST0 的 9

位数据页指针（data page pointer,DP）中的字决定，如果 DP=000000000B，则当前数据为 0；如果 DP=000000010B，则当前数据为 2，以此类推。

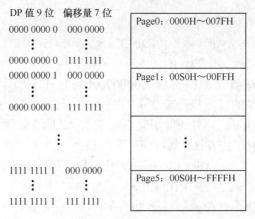

图 4.3　数据页地址

除数据页之外，处理器必须确定该页上将被处理的特定字。该字由一个 7 位的偏移量决定（参见图 4.3）。偏移量由指令寄存器的 7 个最低有效值（LSB）提供。指令寄存器保存下一个被执行指令的操作码。对于直接寻址方式，指令寄存器的内容具有图 4.4 中所示的格式。

15 14 13 12 11 10 9 8	7	6 5 4 3 2 1 0
8MSB	0	7LSB

图 4.4　采用直接寻址方式的指令寄存器（IR)内容

为了构成一个完整的 16 位地址，处理器将 DP 值和指令寄存器的 7 个 LSB 位连接，如图 4.5 所示。DP 提供地址（页数）的 9 个最高有效值（MSB），指令寄存器的 7 位 LSB 提供地址（偏移量）的 7 个 LSB 位。例如，欲访问数据地址 003FH，就需设定数据页 0（DP=000000000）和 0111111 的偏移量。DP 和偏移量的连接产生 16 位地址 0000 0000 00111111B，该地址为 003FH 或十进制 43。

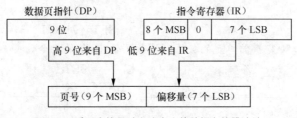

图 4.5　采用直接寻址方式产生的数据存储器地址

　　在所有程序中，必须初始化 DP，并且上电时，DP 是不确定的。C2xx 开发工具对许多参数采用默认值，包括 DP。然而，没有初始化 DP 的程序就不能正确执行，这要取决于程序是在 C2xx 器件上执行，还是使用一个开发工具。

8 个 MSB：第 8～15 位指明了指令类型（如 ADD），并且包含了有关被指令存取的数据值的移位信息。MSB 是最高有效位（Most Signigicant Bit）的英文缩写。

0（D7）：直接/间接指示器。第 7 位为 0，可确定为直接寻址方式。

7 个 LSB：0～6 为指明数据存储器地址的偏移量。LSB 是最低有效位（least Significant Bit）的英文缩写。

1. 采用直接寻址方式步骤

当采用直接寻址方式时，处理器使用 DP 找出数据页，并使用指令寄存器的 7 个 LSB 位找出该数据页上的特定地址，步骤如下。

- 设置数据页，将适当值（0～511=000000000B～111111111B）装入 DP。通过 LDP 指令或其他能向 ST0 装入值的任意指令装载 DP 寄存器。通过 LDP 指令可直接将页号值装入 DP，而不影响 ST0 的其他位；并且还能明确指明装入 DP 的值。例如，如果想设定当前数据页为 32（地址单元 1000H～107FH，则可使用下列指令：

> LDP #32 ；初始化数据页指针指令

或 LDP #20H ；20H=32

- 设定偏移量，可提供 7 位偏移量作为指令的一个操作数。例如，想让 ADD 指令使用当前数据页的第二地址中的值，则需编写下列指令：

> ADD 1H；当前数据页中的偏移量为 1 的单元内容加到累加器

如果一个代码块中的所有指令均访问同一个数据页，只需在代码块的前面部分装 DP，而不必在采用直接地址方式的每个指令之前设置数据页。如果代码块中的所有指令，都访问不同的数据页，则在一个新的数据页被访问时，需确保 DP 随之改变。

- 虽然设置偏移量，只需在指令的操作数位置写上 7 位偏移量即可（不能加前缀#），但是造成不直观，阅读性降低。故通常的做法是在操作数位置写出实际寻址的 16 位地址值，例如，直接寻址方式读取 7100H 存储单元的数据到累加器低 16 位：

> LDP#0E2H ；7100H/80H=E2H
> LACC 7100H

下列指令是等价的：

> LDP#0E2H
> LACC 0H

- 通常直接寻址方式的操作数采用符号地址，例如，X 用.SET 伪指令声明等价于 7100H：

> X .SET 7100H

则读取 X 存储单元的数据到累加器低 16 位的指令为：

> LDP #0E2H
> LACC X

---

2. 直接寻址方式举例

在例 4-3 中，第一条指令使 DP 装入 000000100B（4），从而设定当前数据页为 4。然后 ADD 指令指示一个数据存储器地址在执行 ADD 指令之前，操作代码被装入指令寄存器。DP 和指令寄存器的 7 个 LSB 构成了一个完整的 16 位地址——0000001000001001B（0209H）。图 4.6 所示为采用直接寻址方式产生的数据存储器地址。

【例 4-3】采用直接寻址方式的 ADD（0～15 位的移位）。

> LDP #4；设置数据页为 4（地址 0200H～027FH）
> ADD 9H,5；数据地址 0209H 内容左移 5 位的结果到累加器中

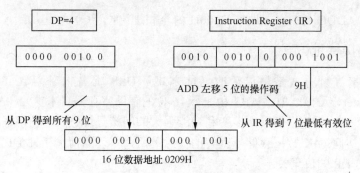

图 4.6　例 4-3 中产生的数据存储器地址

在例 4-4 中，ADD 指令指示了一个数据存储器地址，该地址产生于程序代码之后。对于执行 16 位移位的任意指令，位移值不直接嵌入指令字；相反，8 个 MSB 位包含了一个不仅能指明指令类型，还能指明 16 位移位的操作码。指令字的 8 个 MSB 位指明了一个具有 16 位移位的加法运算。图 4.7 所示为采用直接寻址方式产生的数据存储器地址。

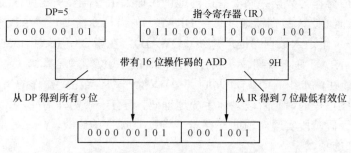

图 4.7　例 4-4 中产生的数据存储器地址

【例 4-4】采用直接寻址方式的 ADD（16 位移位）。

　　　　LDP　#5　；设置数据页为 5（地址 0209H～02FFH）

　　　ADD 9H，6 ；数据地址 0289H 内容左移 16 位的结果加到累加器

在例 4-5 中，ADDC 指令指示了一个数据存储器地址。该地址产生于程序代码之后。注意，如果一个指令不执行位移操作（如 ADDC 指令），则该指令的所有 8 个 MSB 位仅包含该指令类型的操作码。图 4.8 所示为采用直接寻址方式产生的数据存储器地址。

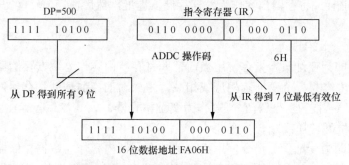

图 4.8　例 4-5 中产生的数据存储器地址

【例 4-5】采用直接寻址方式的 ADDC。

　　　　LDP　＃500 ；设置数据页为 500（地址 FA00H～FA7FH）

ADDC　6H　；地址 FA06H 内容和进位位（C）一起加到累加器

4.1.3　间接寻址方式

DSP 的间接寻址方式是最灵活的寻址方式，DSP 芯片内部包含 8 个辅助寄存器（Auxiliary Register，AR）AR0～AR7 和一个 16 位的辅助寄存器算术单元（Auxiliary Register Arithmetic Unit，ARAU）提供灵活多变和功能强大的间接寻址方式。使用辅助寄存器内的一个 16bit 地址可访问 64K 数据存储器空间的任意单元，不受当前页指针 DP 限制，也就是说间接寻址方式与 DP 的值无关。

1. 当前辅助寄存器

欲选择一个特定的辅助寄存器，则将一个值（0～7）装入状态寄存器 ST0 的 3bit 辅助寄存器指针（Auxiliary Register Pointer，ARP）。通过 MAR 指令或 LST 指令作为装载 ARP 的一个主要操作方式。通过支持间接寻址方式的任意指令，可作为装载 ARP 的辅助操作方式。被 ARP 指向的辅助寄存器称为当前辅助器或当前 AR（current AR）。在处理一条指令期间，当前辅助寄存器的内容作为数据存储器的访问地址。如果指令需要从数据存储器读一个数据，则 ARAU 就将该地址送入数据读地址总线 DRAB。如果指令需要写一个数据到数据存储器，则 ARAU 就将该地址送入数据写地址总线（DWAB）。在指令使用数据值之后，当前辅助寄存器的内容能被 ARAU 递增或递减（执行不带符号的 16 位算术运算）。

通常，ARAU 在流水线的译码阶段执行其算术操作（即当指定操作的指令正被译码）时，这就允许在下一条指令的译码阶段之前生成地址码。但有一个例外情况，在处理 NORM 指令时，在流水线的译码阶段实现对辅助寄存器"与"/"或"的修改。

2. 间接寻址选项

辅助寄存器算术单元 ARAU 负责对当前 AR 进行无符号算术运算，使之增 1 或减 1 或增一个偏移量或减一个偏移量，甚至可以修改 AP 的值，即切换当前 AR 值为下一个当前 AR 值。C2XX 提供以下 4 类间接寻址选项。

（1）无增量或无减量

指令使用当前辅助寄存器内容作为数据存储器地址，但是，指令执行完成之后，当前辅助寄存器内容保持不变。

（2）增 1 或减 1

指令使用当前辅助寄存器内容作为数据存储器地址，然后使当前辅助寄存器内容增 1 或减 1。

（3）加或减一个变址

AR0 中的值即为变址量。指令使用当前辅助寄存器内容作为数据存储器地址，然后使用当前辅助寄存器内容与一个变址量相加或相减，生成新的当前辅助寄存器内容。可见，AR0 与 AR1～AR7 有不同之处，只有它可以作为变址寄存器。

（4）使用进位翻转加或减一个变址

AR0 中的值即为变址量。指令使用当前辅助寄存器内容作为数据存储器地址，然后使用当前辅助寄存器内容加上或减去一个变址量。加和减运算过程针对快速傅里叶变换 FFT 的进位反向传播方式完成。

4 种类型可选项提供 7 种间接寻址选项如表 4.1 所示。表 4.1 列出了与间接寻址选项相对应的指令操作数，并指明了如何使用每个选项。

表 4.1　　　　　　　　　　　　　　间接寻址操作数

选　项	操作数	示例指令
无增量或无减量	*	LT*；将当前 AR 指向的数据存储器地址内容装入暂存寄存器 TREG
增 1	*+	LT*+；将当前 AR 指向的数据存储器地址内容装入暂存寄存器 TREG，然后将当前 AR 内容加 1
减 1	*-	LT* -；将当前 AR 指向的数据存储器地址内容装入暂存寄存器 TREG，然后将当前 AR 内容减 1
加变址	* 0+	LT*0+；将当前 AR 指向的数据存储器地址内容装入暂存寄存器 TREG，然后将 AR0 的内容与当前 AR 内容相加
减变址	* 0-	LT*0+；将当前 AR 指向的数据存储器地址内容装入暂存寄存器 TREG，然后将 AR0 的内容与当前 AR 内容相减
加变址并加反向进位	*BR0+	LT*BR0+；将当前 AR 指向的数据存储器地址内容装入暂存寄存器 TREG，然后将 AR0 的内容与当前 AR 内容相加，并加反向进位
加变址并减反向进位	*BR0-	LT*BR0+；将当前 AR 指向的数据存储器地址内容装入暂存寄存器 TREG，然后将 AR0 的内容与当前 AR 内容相减，并减反向进位

由辅助寄存器算术单元 ARAU 执行的所有加、减操作均是在同一周期（即当指令处于流水线的译码阶段时）完成的。

通过基 2FFT 程序的数据点重新排序，位反向变址寻址方式可实现有效的 I/O 操作。在选择地址时，ARAU 中进位传送的方向被翻转，并且将当前辅助寄存器内容加上或减去 AR0 的内容。这种寻址方式的一个典型应用是首先为 AR0 设置一个等于数组大小一半的值，而且，当前 AR 的值设置为数据的基地址，即第一个数据点所在地址。

3. 下一个当前辅助寄存器

除了更新当前辅助寄存器外，一些指令也可以设定下一个当前辅助寄存器，即下一个当前 AR。当指令执行完毕时，设定的 AR 就是当前辅助寄存器。允许将一个新值装入下一个辅助寄存器的指令把一个新值装载到 ARP，先前 ARP 值被装入辅助寄存器指针缓冲器 ARB。

【例 4-6】选择一个新的当前辅助寄存器。

MAR　*，AR1　；装载到 ARP，使 AR1 成为当前辅助寄存器

LT　*+，AR2　；用 AR1 指向地址的内容装载 TREG，AR1 内容加 1，然后使 AR2 成为下一个辅助寄存器

MPY *　　　　　；TREG 乘以 AR2 指向地址的内容

4. 间接寻址操作码格式

图 4.9 表示当使用间接寻址方式时，被装入指令寄存器的指令字格式，包括操作码域。

```
15  14  13  12  11  10  9  8  7   6  5  4   3   2  1  0
┌──────────────────────────┬───┬───────┬───┬────────┐
│          8个MSB          │ 1 │  ARU  │ N │  NAR   │
└──────────────────────────┴───┴───────┴───┴────────┘
```

图 4.9　间接寻址方式中指令寄存器（IR）内容

8 个 MSB：8～15 位表示指令类型（如 LT），并且包含有关数据移位的信息。

1：直接/间接指示器，第 7 位包含一个 1，它定义寻址方式为间接寻址方式。

ARU：辅助寄存器更新码，5～6 位确定当前辅助寄存器内容是否以及如何增、减，参见表 4.2。

N：下一个辅助寄存器指示器。第 3 位规定指令是否将改变 ARP 值。

N=0 表示 ARP 内容将保持不变。

N=1 表示 NAR 的内容将被装入 ARP，并且先前的 ARP 值被装入状态寄存器 STL 的辅助寄存器缓冲器（ARB）。

NAR：下一个辅助寄存器，第 2 位到第 0 位包含下一个辅助寄存器的值。如果 N=1，则 NAR 被装入 ARP。

表 4.2   当前辅助寄存器代码执行结果

ARU 代码			当前 AR 执行的算术结果
6	5	4	
0	0	0	当前 AR 没有任何操作
0	0	1	当前 AR-1→当前 AR
0	1	0	当前 AR+1→当前 AR
0	1	1	保留
1	0	0	当前 AR-AR0→当前 AR[反向传送]
1	0	1	当前 AR-AR0→当前 AR
1	1	0	当前 AR+AR0→当前 AR
1	1	1	当前 AR+AR0→当前 AR[反向传送]

表 4.3 列出了操作码域位和用于间接寻址方式的字段以及在当前辅助寄存器和 ARP 上执行的相应操作。

表 4.3   用于间接寻址方式的字段和标记

指令操作码域位 15 —8 76543 2 1 0	操作数	操 作
<— 8MSBs—>10000<—NAR—>	*	当前 AR 执行的算术结果
<— 8MSBs—>10001<—NAR—>	*，AR*n*	NAR→APR
<— 8MSBs—>10010<—NAR—>	*–	当前 AR-1→当前 AR
<— 8MSBs—>10011<—NAR—>	*–，AR*n*	当前 AR-1→当前 AR，NAR→APR
<— 8MSBs—>10100<—NAR—>	*+	当前 AR+1→当前 AR
<— 8MSBs—>10101<—NAR—>	*+，AR*n*	当前 AR+1→当前 AR，NAR→APR
<— 8MSBs—>11000<—NAR—>	*BR0–	当前 AR-rcAR0→当前 AR
<— 8MSBs—>11001<—NAR—>	*BR0–，AR*n*	当前 AR-rcAR0→当前 AR，NAR→APR
<— 8MSBs—>11010<—NAR—>	*0–	当前 AR-AR0→当前 AR
<— 8MSBs—>11011<—NAR—>	*0–，AR*n*	当前 AR+AR0→当前 AR，NAR→APR
<— 8MSBs—>11100<—NAR—>	*0+	当前 AR+AR0→当前 AR

续表

指令操作码域位 15 —8 76543 2 1 0	操作数	操 作
<— 8MSBs—>11101<—NAR—>	*0+, AR*n*	当前 AR+AR0→当前 AR，NAR→APR
<— 8MSBs—>11110<—NAR—>	*.BR0+	当前 AR+rcAR0→当前 AR
<— 8MSBs—>11111<—NAR—>	*BR0+, AR*n*	当前 AR−rcAR0→当前 AR，NAR→APR

rc 表示反向进位传送；NAR 表示下一个辅助寄存器；*n* 表示 0，1，2，…，7；→表示被装进。

5. 间接寻址方式举例

例 4-7 说明当从程序存储器存取 ADD 指令时，如何将图 4.10 所示的值装入指令寄存器。

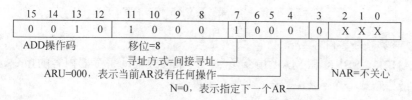

图 4.10 间接寻址—无增量或无减量示例

【例 4-7】间接寻址—无增量或无减量。

ADD　　*，8　　　　　　　　；当前 AR 指向数据存储器地址的内容左移 8 位后再加到累加器中

【例 4-8】间接寻址—变址加 1，ADD 执行过程如图 4.11 所示。

图 4.11 间接寻址—变址加 1 示例

ADD　　*+，8，AR4　　　；操作正如例 4-7，此外，当前 AR 内容加 1，并把 AR4 选作下一个辅助寄存器

【例 4-9】间接寻址—变址减 1，ADD 执行过程如图 4.12 所示。

ADD　　*−，8　　；操作正如例 4-7，此外，当前 AR 内容减 1

图 4.12 间接寻址—变址减 1 示例

【例 4-10】间接寻址—变址增量，ADD 执行过程如图 4.13 所示。

ADD　*0+，8　　；操作正如例 4-7，此外，当前 AR 内容加 AR0 内容

图 4.13　间接寻址—变址增量示例

【例 4-11】间接寻址—变址减量，ADD 执行过程如图 4.14 所示。

ADD　*0-，8　　；操作正如例 4-7，此外，当前 AR 内容减 AR0 内容

图 4.14　间接寻址—变址减量示例

【例 4-12】间接寻址—带有进位反向传送的变址增量，ADD 执行过程如图 4.15 所示。

ADD　*BR0+，8　　；操作正如例 4-10，此外，当前 AR 内容带进位反向传送加 AR0 内容

图 4.15　间接寻址—带有进位反向传送的变址增量

【例 4-13】间接寻址—带有进位反向传送的变址减量，ADD 执行过程如图 4.16 所示。

ADD　*BR0-，8　　；操作正如例 4-11，此外，当前 AR 内容带进位反向传送减 AR0 内容

图 4.16　间接寻址—带有进位反向传送的变址减量

6. 修改辅助寄存器内容

LAR、ADRK、SBRK 和 MAR 指令是专门用来修改辅助寄存器内容的指令。

LAR：指令装载一个 AR。

ADRK：指令将一个立即数加到 AR。

SBRK：指令从 AR 减去一个立即数。

MAR：指令可使 AR 值加、减 1 或加、减一个变址。

当修改辅助寄存器内容时，并非局限于这 4 个指令。辅助寄存器可被支持间接寻址操作的任何指令修改，如例 4-18 所示。除有立即操作数和无立即操作数的指令外，其他所有指令都可以用间接寻址。

【例 4-14】将 AR1 内容等于地址 7100H。

LAR　AR1，＃7100H

【例 4-15】ARP（Auxiliary Register Pointer，辅助寄存器指针）指向 AR1。

（MAR *，AR1　；当前 AR 为 AR1）

【例 4-16】当前 AR 内容加立即数 5。

（ADRK　#5）

【例 4-17】当前 AR 内容减立即数 4。

（SBRK　#4）

【例 4-18】将当前 AR（如 AR1）指向单元内容加到 ACC，然后辅助寄存器指针切换指向 AR2，相当于节省一条"MAR*，AR2"指令。

（ADD*，AR2　；等价于两条指令：ADD *；

MAR*，AR2）

4.2　指令系统

TM320C2xx 系列 DSP 的指令系统都是兼容的，即不论是目前国内流行的 TMS320LF240、

TMS320LF2407A 还是 TMS320F206 等，指令系统都是一样的，不同之处在于硬件系统各有差异。

4.2.1　指令集分类与列表

TM320C2xx 指令集提供了大量的强大的信号处理操作以及通用处理，如多级处理和高速控制功能。C24x 的指令集与 C2x 的指令集兼容，C2x 编写的代码可以重新汇编在 C24x 上运行。C24x 的指令集与 C240x 的指令集兼容。

本节给出了 C2xx 指令集的 6 个分类表，按照以下功能分类：累加器、算术和逻辑运算指令表，如表 4.4 所示；辅助寄存器和数据指针指令表，如表 4.5 所示；暂存寄存器（TREG）、乘积寄存器（PREG）和乘法指令表，如表 4.6 所示；转移指令表，如表 4.7 所示；控制指令表，如表 4.8 所示；输入/输出和存储器指令表，如表 4.9 所示。每个表列出了各个指令以及指令符号、功能说明、所占字数、周期数和操作码，其中在操作码域中列出的一些英文字符串，具体含义说明如下。

IAAAAAAA（1 个 I 后面跟 7 个 A）：I 代表一位反映直接或间接寻址的位，I＝0 表示直接寻址，I=1 表示间接寻址。当采用直接寻址时，7 个 A 代表数据存储器地址的最低 7 位。当采用间接寻址时，这 7 个 A 代表控制辅助寄存器操作。

IIII IIII（8 个 I）：这 8 位 I 代表短立即数寻址的 8 位二进制常数。

I IIII IIII（9 个 I）：这 9 位 I 代表 LDP 指令中短立即数寻址的 9 位二进制常数。

I IIII IIII IIII（13 个 I）：这 13 位 I 代表 MPY 指令中短立即数寻址的 13 位二进制常数。

INTR #：这 5 位值代表 0～31。INTR 指令使用这个数控制程序转移到 32 个中断向量地址之一。

PM：这 2 位值通过 SPM 指令复制到状态寄存器 ST1 的 PM。

SHF：这 3 位值代表左移的值（最大值为 7）。

SHFT：这 4 位值代表左移的值（最大值为 15）。

TP：这 2 位代表条件执行指令中的 4 种条件之一：

TP=00 表示 BIO 引脚低电平；

TP=01 表示 TC=1；

TP=10 表示 TC=0；

TP=11 表示无条件。

ZLVC ZLVC 2 个 4 位域，每个域代表下列条件：

ACC=0	Z	（Zero，零，缩写表示成 Z）；
ACC<0	L	（Less，小于，缩写表示成 L）；
Overflow	V	（Overflow，溢出，缩写表示成 V）；
Carry	C	（Carry，进位，缩写表示成 C）。

一个条件指令包含 2 个这样的 4 位域。最低 4 位域是一个屏蔽域。某屏蔽位为 1 指示那个条件正在测试。例如，测试 ACC 是否为零，则 Z 和 L 位被置 1，而 V 和 C 位没有置 1。Z 被置 1 来测试 ACC 是否为零，L 被置 1 来测试 ACC 是否小于 0。另一个 4 位域（位 4～7）指示要测试的条件状态。这 8 位可能的条件如 BCND、CC、RETC 指令所述。

+1Word2 字操作码的第 2 个字。这个字包含 16 位的常数。这个常数取决于所用指令，可以是长立即数、程序存储器地址、I/O 端口地址或 I/O 映射寄存器。

表 4.4 累加器、算术和逻辑运算指令

指令符号	说　明	字数	周期数	操作码
ABS	累加器求绝对值	1	1	1011 1110 0000 0000
ADD	累加器加直接或间接寻址数据内存中左移 0～15 位的数	1	1	0010 SHFT IAAA AAAA
	累加器加左移 0～15 位的长立即数寻址	2	2	1011 1111 1001 SHFT +1 Word
	累加器加直接或间接寻址数据内存中左移 16 位数	1	1	0110 0001 IAAA AAAA
	累加器加短立即数	1	1	1011 1000 IIII IIII
ADDC	累加器带进位加直接或间接寻址数据内存中的数	1	1	0110 0000 IAAA AAAA
ADDS	累加器加直接或间接寻址数据内存中抑制符号扩展的数	1	1	0110 0010 IAAA AAAA
ADDT	累加器加直接或间接寻址数据内存中由 T 寄存器指定左移 0～15 位的数	1	1	0110 0011 IAAA AAAA
SUB	累加器减直接或间接寻址数据内存中左移 0～15 位的数	1	1	0011 SHFT IAAA AAAA
	累加器减左移 0～15 位的长立即数	2	2	1011 1111 1010 SHFT +1 Word
	累加器减直接或间接寻址数据内存中左移 16 位数	1	1	0110 0101 IAAA AAAA
	累加器减短立即数	1	1	1011 1010 IIII IIII
SUBB	累加器带借位减直接或间接寻址数据内存中的数	1	1	0110 0100 IIII IIII
SUBC	累加器条件减直接或间接寻址数据内存中的数	1	1	0000 1010 IAAA AAAA
SUBS	累加器减直接或间接寻址数据内存中抑制符号扩展的数	1	1	0110 0110 IAAA AAAA
SUBT	累加器减直接或间接寻址数据内存中由 T 寄存器指定左移 0～15 位的数	1	1	0110 01111 IAAA AAAA
XOR	累加器"异或"直接或间接寻址数据内存中的数	1	1	0110 1100 IAAA AAAA
	累加器"异或"左移 0～15 位的长立即数	2	2	1011 1111 1101 SHFT +1 Word
	累加器"异或"左移 16 位长立即数	2	2	1011 1110 1000 0011 +1 Word
ZALR	直接或间接寻址数据内存中四舍五入的数装载累加器高字，累加器低字清零	1	1	0110 1000 IAAA AAAA

续表

指令符号	说　　　明	字数	周期数	周期数
AND	累加器"与"直接或间接寻址数据内存中的数	1	1	0110 1110 IAAA AAAA
	累加器"与"左移 0~15 位的长立即数	2	2	1011 1111 1011 SHFT +1 Word
	累加器"与"左移 16 位长立即数	2	2	1011 1110 1000 0001 +1 Word
CMPL	累加器取补码	1	1	1011 1110 0000 0001
LACC	直接或间接寻址数据内存中左移 0~15 位的数装入累加器	1	1	0001 SHFT IAAA AAAA
	左移 0~15 位的长立即数装入累加器	2	2	1011 1111 1000 SHFT +1 Word
	直接或间接寻址数据内存中左移 16 位的数装入累加器	1	1	0110 1010 IAAA AAAA +1Word
LACL	直接或间接寻址数据内存中数装入累加器低字	1	1	0110 1011 IAAA AAAA
	短立即数装入累加器低字	1	1	1011 1001 IIII IIII
LACT	直接或间接寻址数据内存中由 T 寄存器指定左移 0~15 位的数装入累加器	1	1	0110 1011 IAAA AAAA
NEG	累加器各位取反	1	1	1011 1110 0000 0010
NORM	归一化累加器内容,间接寻址			1010 0000 IAAA AAAA
OR	累加器"或"直接或间接寻址数据内存中的数	1	1	0110 1101 IAAA AAAA
	累加器"或"直接或间接寻址数据内存中的数	2	2	1011 1111 1100 SHFT +1 Word
	累加器"或"左移 16 位长立即数	2	2	1011 1110 1000 0010 +1Word
ROL	累加器内容循环左移	1	1	1011 1110 0000 1100
ROR	累加器内容循环右移	1	1	1011 1110 0000 1101
SACH	累加器低字左移 0~7 位的数直接或间接寻址存储数据内存单元	1	1	1001 1SHF IAAA AAAA
SACL	累加器低字移位 0~7 位的数直接或间接寻址存储数据内存单元	1	1	1011 0SHF IAAA AAAA
SFL	累加器左移	1	1	1011 1110 0000 1001
SFR	累加器右移	1	1	1011 1110 0000 1010

表 4.5 辅助寄存器指令

指令符号	说 明	字数	周期数	操作码
ADRK	当前辅助寄存器加短立即常数	1	1	0111 1000 IIII IIII
BANZ	当前辅助寄存器非零转移标号,当前 AR 内容减 1,间接寻址设置下一个 AR	2	4(真) 2(假)	0111 1011 IAAA AAAA +1Word
CMPR	当前辅助寄存器的内容与 AR0 内容比较	1	1	1011 1111 0100 01CM
LAR	直接或间接寻址数据内存中的数装载到辅助寄存器	1	2	0000 0ARX IAAA AAAA
	短立即数装载指定辅助寄存器	1	2	1011 0ARX IIII IIII
	长立即数装载指定辅助寄存器	2	2	1011 1111 0000 IARK +1Word
MAR	间接寻址修改当前辅助寄存器 AR,即 ARP(当直接寻址时,不执行任何操作)	1	1	1000 1011 IAAA AAAA
SAR	指定辅助寄存器内容直接或间接寻址存储到指定数据内存单元	1	1	1000 0ARX IAAA AAAA
SBRK	当前辅助寄存器减立即常数	1	1	0111 1100 IIII IIII

表 4.6 暂存寄存器(TREG)、乘积寄存器(PREG)和乘法指令

指令符号	说 明	字数	周期数	操作码
APAC	累加器加 32 位乘积寄存器	1	1	1011 1110 0000 0100
LPH	直接或间接寻址数据内存中的数装载 P 寄存器高字	1	1	0111 0101 IAAA AAAA
LT	直接或间接寻址数据内存中的数装载 T 寄存器	1	1	0111 0011 IAAA AAAA
LTA	直接或间接寻址数据内存中的数装载 T 寄存器,然后累加上一次乘积	1	1	0111 0000 IAAA AAAA
LTD	直接或间接寻址数据内存中的数装载 T 寄存器,然后累加上一次乘积,且数据传送	1	1	0111 0010 IAAA AAAA
LTP	直接或间接寻址数据内存中的数装载 T 寄存器,然后传送 PREG 到累加器	1	1	0111 0001 IAAA AAAA
LTS	直接或间接寻址数据内存中的数装载 T 寄存器,然后累加器减去上一次的乘积	1	1	0111 0100 IAAA AAAA
MAC(有符号乘法)	累加器加上一次 PREG,然后直接或间接寻址数据内存中的数装载 TREG,TREG 乘以程序内存中的数,乘积送 PREG	2	3	1010 0010 IAAA AAAA +1Word

续表

指令符号	说　　明	字数	周期数	操作码
MACD（有符号乘法）	累加器加上一次 PREG，然后直接或间接寻址数据内存中的数装载 TREG，TREG 直接或间接寻址内存中的数乘以 TREG，乘积送 PREG，且数据传送	2	3	1010 0011 IAAAAAAA+ 1Word
MPY（有符号乘法）	T 寄存器乘以直接或间接寻址数据内存中的数，乘积送 PREG	1	1	0101 0100 IAAA AAAA
	T 寄存器乘以 13 位短立即常数	1	1	110I IIII IIII IIII
MPYA（有符号乘法）	累加器加上一次 PREG，T 寄存器乘以直接或间接寻址数据内存中的数，乘积送 PREG	1	1	0101 0000 IAAA AAAA
MPYS（有符号乘法）	累加器减上一次 PREG，T 寄存器乘以直接或间接寻址数据内存中的数，乘积送 PREG	1	1	0101 0001 IAAA AAAA
MPYU（无符号乘法）	T 寄存器乘以直接或间接寻址数据内存中的数，乘积送 PREG	1	1	0101 0101 IAAA AAAA
PAC	P 寄存器内容装入累加器	1	1	1011 1110 0000 0011
SPAC	累加器减 P 寄存器的内容	1	1	1011 1110 1111 0101
SPH	P 寄存器高字直接或间接寻址存储到数据内存单元	1		1000 1101 IAAA AAAA
SPL	P 寄存器低字直接或间接寻址存储到数据内存单元	1		1000 1100 IAAA AAAA
SPM	设置乘积左移位方式	1	1	1011 1111 0000 00PM
SQRA	累加器加上一次 PREG，直接或间接寻址数据内存中的数装载 TREG，TREG 乘以 TREG，乘积送 PREG，即平方运算并累加器累加上一次乘积	1	1	0101 0010 IAAA AAAA
SQRS	累加减上一次 PREG，直接或间接寻址数据内存中的数装载 TREG，TREG 乘以 TREG，乘积送 PREG，即平方运算并累加器减去上一次乘积	1	1	0101 0011 IAAA AAAA

表 4.7　　　　　　　　　　　　　　　　转移指令

指令符号	说　　明	字数	周期数	操作码
B	无条件转移，可选间接寻址切换	2	4	0111 1001 IAAA AAAA +1 Word
BACC	转移到累加器内容代表的地址	1	4	1011 1110 0010 0000
BANZ	当前 AR 内容不为零转移，可选间接寻址切换	2	4（真）2（假）	0111 1011 IAAA AAAA +1 Word
BCND	有条件转移	2	4（真）2（假）	1110 00TP ZLVC ZLVC +1 Word

指令符号	说　明	字数	周期数	操作码
CALA	以累加器低字位作为子程序入口地址调用子程序	2	4	1011 1110 0011 0000
CALL	调用子程序，间接寻址切换	2	4	0111 1010 IAAA AAAA +1 Word
CC	有条件调用	2	4（真） 2（假）	1110 10TP ZLVC ZLVC +1 Word
INTR	软中断	1	4	1011 1110 0111 NTR#
NMI	非屏蔽中断	1	4	1011 1110 0101 0010
RET	从子程序返回	1	4	1110 1111 0000 0000
RETC	有条件返回	1	4（真） 2（假）	1110 11TP　ZLVC ZLVC
TRAP	软件中断	1	4	1011 1110 0101 0001

表 4.8　　　　　　　　　　　　　　控制指令

指令符号	说　明	字数	周期数	操作码
BIT	直接或间接寻址测试存储单元指定位	1	1	0100 BITX IAAA AAAA
BITT	直接或间接测试由 T 寄存器确定的位	1	1	0110 1111 IAAA AAAA
CLRC	清除 C 位	1	1	1011 1110 0100 1110
	清除 CNF 位	1	1	1011 1110 0100 0100
	清除 INTM 位	1	1	1011 1110 0100 0000
	清除 OVM 位	1	1	1011 1110 0100 0010
	清除 SXM 位	1	1	1011 1110 0100 0110
	清除 TC 位	1	1	1011 1110 0100 1010
	清除 XF 位	1	1	1011 1110 0100 1100
IDLE	空闲直到中断发生为止	1	1	1011 1110 0010 0010
LDP	直接或间接装载数据页指针	1	2	0000 1101 IAAA AAAA
	短立即数装载数据页指针	1	2	1011 1101 IIII IIII
LST	直接或间接寻址装载状态寄存器 ST0	1	2	0000 1110 IAAA AAAA
	直接或间接寻址装载状态寄存器 ST1	1	2	0000 1111 IAAA AAAA
NOP	空操作	1	1	1000 1011 0000 0000
POP	弹出栈顶内容到累加器低字	1	1	1011 1110 0011 0010
POPD	直接或间接寻址弹出栈顶内容到数据存储器	1	1	1000 1010 IAAA AAAA
PSHD	直接或间接寻址压数据存储器进栈	1	1	0111 0110 IAAA AAAA
PUSH	压累加器低字进栈	1	1	1011 1110 0011 1100
RPT	直接或间接寻址重复执行下一条指令	1	1	0000 1011 IAAA AAAA
	短立即数寻址重复执行下一条指令	1	1	1011 1011 IIII IIII

指令符号	说　明	字数	周期数	操作码
SETC	置 C 位	1	1	1011 1110 0100 1111
	置 CNF 位	1	1	1011 1110 0100 0101
	置 INTM 位	1	1	1011 1110 0100 0001
	置 OVM 位	1	1	1011 1110 0100 0011
	置 SXM 位	1	1	1011 1110 0100 0111
	置 TC 位	1	1	1011 1110 0100 1011
	置 XF 位	1	1	1011 1110 0100 1101
SPM	设置乘积移位方式			1011 1111 0000 00PM
SST	直接或间接寻址存储状态寄存器 ST0	1	1	1000 1110 IAAA AAAA
	直接或间接寻址存储状态寄存器 ST1	1	1	1000 1111 IAAA AAAA

表 4.9　　　　　　　　　　　　输入/输出和存储器指令

符号指令	说明	字数	周期数	操作码
BLDD	带有长立即数源地址、直接或间接寻址目的地址的数据存储器之间的块传送	2	3	1010 1000 IAAA AAAA +1 Word
	带有长立即数目的地址、直接或间接寻址源地址的数据存储器之间的块传送	2	3	1010 1001 IAAA AAAA +1 Word
BLPD	带有长立即数源地址、直接或间接寻址目的地址的从程序存储器到数据存储器之间的块转移	2	3	1010 0101 IAAA AAAA
DMOV	直接或间接寻址数据存储单元值复制到下一个较高地址数据存储单元	1	1	0111 0111 IAAA AAAA
IN	直接或间接寻址从 I/O 单元输入数据到数据存储单元	2	2	1010 1111 IAAA AAAA +1 Word
OUT	直接或间接寻址从数据存储单元输出数据到 I/O 单元	2	3	0000 1100 IAAA AAAA +1 Word
SPLK	存储长立即数到直接或间接寻址的数据存储单元	2	2	1010 1110 IAAA AAAA +1 Word
TBLR	读累加器低字为程序存储器单元地址的值到直接或间接寻址数据存储器单元	1	3	1010 0110 IAAA AAAA
TBLW	直接或间接寻址数据存储器单元值写到累加器低字为地址的程序存储器单元中	1	3	1010 0111 IAAA AAAA

4.2.2 典型指令说明

本节将在指令集的基础上，以几个常用的指令为例，说明在编程过程中怎样使用指令集中给出的指令。在举例时，直接寻址一律认为 DP 指针已经指向要寻址的数据区，就不用再重新装载 DP，而间接寻址则认为 ARP 已经指到当前 AR，也不用再单独声明当前 AR 的值。

1. 对累加器的加操作 ADD 指令

ADD 指令执行的操作是将数据存储器单元的数或立即数左移后加至累加器。移位时，低位填 0，高位在 SXM=1 时为符号扩展，在 SXM=0 时填 0。结果存在累加器中。寻址短立即数时，加操作不受 SXM 的影响，且不能重复执行。

```
ADD     5,2         ;（DP=4：0200h～027Fh）将数据存储单元 205 的内容左移 2 位
                    ；之后与 ACC 相加，结果存在 ACC
ADD     *+, 2, AR0  ;（ARP=4，AR4=282）将数据存储单元 282 的内容左移 2 位
                    ；之后加至 ACCA，结果存在 ACC，指令执行后 AR4=283，ARP=0
ADD     #2          ；短立即数 2 与 ACC 相加，结果存在 ACC
ADDA    #1111h, 2   ；长立即数 1111h 与 ACC 相加，结果存在 ACC
```

2. 和累加器逻辑"与"操作指令 AND

AND 指令用来实现被寻址单元的内容和连接器的逻辑"与"操作，以及长立即数经过移位之后和连接器进行逻辑"与"操作。逻辑"与"操作之后的结果保存在累加器中。

```
AND     16          ;（DP=4：0200～027Fh）将数据存储器单元 210h 的内容与
                    ；ACC 的内容进行逻辑"与"操作，结果保留在 ACC 中
AND     *           ;（ARP=0，AR0=0301h）将数据存储器单元 301h 的内容与 ACC
                    ；的内容进行逻辑"与"操作，结果保留在 ACC 中
AND     #00FFh, 4   ；将立即数#00FFh 左移 4 位之后和 ACC 逻辑"与"，结果保留在
                    ；ACC 中
```

3. 辅助寄存器不等于零转移指令 BANZ

若当前辅助寄存器内容不为零，则控制转移至指定的程序存储器地址，否则控制转移到下一条指令。当前 AR 的缺省修改为减 1。该指令可用来实现程序的循环执行。

```
        MAR     *, AR0      ；ARP 指向 AR0
        LAR     AR1, #3     ；AR1 中装入 3
        LAR     AR0, #60h   ；AR0 中装入 0060h
P1      ADD     *+, AR1     ；若 AR1≠0 则循环
        BANZ    P1, AR0     ；将 AR0 所指的数加到 ACC，并将 AR0 的值增 1
```

4. 条件转移指令 BCND

当所规定的条件符合时，控制转移到指定的程序存储器地址。

```
BCND  P1, LEQ       ；若 ACC 的内容小于等于 0 时，程序转到 P1 处开始执行
```

5. 位测试指令 BIT

该指令将数据存储器中的指定位的值复制到状态寄存器 ST1 的 TC 位。将该指令和 BCND 指令结合可判断指定位的状态，并根据该位的状态来控制程序的转移。

```
BIT     0h, 15      ;（DP=6）测试 0300h 处得最低有效位
BCND    P1, TC      ；若该位为 1，则程序转到 P1 处执行
```

6. 数据存储器至数据存储器间的块传送 BLDD

把指定的数据存储器源地址中的字拷贝到指定的数据存储单元目的地址中。源地址和目的地址可由长立即数地址或数据存储器地址指定。但是，如果源地址为长立即数，则目的地址只能为直接或间接；如果源地址为直接或间接，则目的地址只能为长立即数。该指令不能用于存储器映射的寄存器。使用 RPT 指令重复 BLDD 操作期间中断被禁止。当 BLDD 指令重复使用时，由长立即数指定的源（目的）地址被保存在 PC 中，每次重复过程中 PC 增 1，从而可以访问一串源（目的）地址，若使用间接寻址方式来指定目的（源）地址，则在每次重复过程中，一个新目的（源）地址可以被访问。若使用直接寻址方式，所指定的源（目的）地址是个常数，在重复过程中不被修改。

```
BLDD   #300h,20h   ；（DP=6：0300h～037Fh）将数据存储器单元 0300h 的
                    ；内容复制到数据存储器 0320h

BLDD   * +, #321h, AR3
；执行前：ARP=2,（AR2）=0301h,（0301h）=000lh,（0321h）二 000Fh
；执行后：ARP=3,（AR2）=0302h,（0301h）=0001h,（0321h）二 000lh
```

7. 清除控制位指令 CLRC

CLRC 指令将指定的控制位清除为 0。指定的控制位为下述控制位之一。

C：状态寄存器 ST1 的进位位。

CNF：状态寄存器 ST1 的 RAM 配置控制位。

INTM：状态寄存器 ST0 的中断方式位。

OVM：状态寄存器 ST0 的溢出方式位。

SXM：状态寄存器 ST1 的符号扩展方式位。

TC：状态寄存器 ST1 的测试/控制标志位。

XF：状态寄存器 ST1 的 XF 引脚状态位。

```
CLRC   TC：将 ST1 的 TC 位清零。
```

用 LST 指令也可装入 ST0 和 ST1 寄存器。

注意

8. 从端口输入数据指令 IN

IN 指令从一个 I/O 单元读一个 16 位值到指定的数据存储器单元。IS 引脚变为低电平，用以指示访问 I/O 口，STRB、RD 和 READY 时序与读外部存储器一样。

```
IN   #7, 1000h   ；（DP=6）从口地址为 1000h 的外设读数据，并将数据存于数
                 ；据存储器单元 0307h
IN   *, 5h       ；从口地址为 0005h 的外设读数据，并将数据存至当前辅助
                 ；寄存器所指定的数据存储器单元
```

9. 装载累加器的 LACC 指令

LACC 指令执行的操作是将指定的数据存储器单元的内容或一个 16 位常量左移后送入累加器。移位时，低位填 0，高位在 SXM=1 时为符号扩展，在 SXM=0 时填 0。

```
LACC   5,4   ；（DP=8：0400～047Fh）将数据存储器单元 405 的内容左移 4 位
             ；之后送到 ACC
```

```
LACC    *, 4        ；（ARP=2，AR2=0305h）将数据存储器单元 305 的内容左移 4 位
                    ；之后送到 ACC
LACC    #1234h，2   ；将长立即数 1234h 左移 2 位之后送到 ACC
```

10. 装载累加器低位并清累加器高位指令 LACL

LACL 指令将被寻址数据存储器单元的内容或者被零扩展的 8 位常量装入累加器的低 16 位，累加器的高半部分填 O。数据被作为无符号的 16 位数据处理，而非二进制补码。无论 SXM 为何状态，该指令的操作数抑制符号扩展。

```
LACL    #l0h        ；将 0010h 装载入 ACC
LACL    1           ；（DP=6:0300h～037Fh）将数据存储器单元 0301h 的内容装载入 ACC
LACL    *—，AR4     ；（ARP=0，AR0=0301h，（0301h）=2）将数据存储器单元 0301h 的
                    内容；装载入 ACC，指令执行完后 AR0=0302h，ARP=4
```

11. 修改辅助寄存器指令 MAR 和装载辅助寄存器指令 LAR

MAR 指令用来修改辅助寄存器 ARP 的值，该指令在直接寻址方式下相当于 NOP 指令。

LAR 指令用来将数据存储器的值装载入辅助寄存器。LAR 和 SAR 指令可在子程序调用或中断处理时装载和存储辅助寄存器，从而实现在中断或子程序调用时上下文的保存。

```
MAR     *，AR1      ；向 ARP 装入 1
MAR     *+，AR5     ；将当前辅助寄存器（AR1）增 1，并向 ARP 装入 5
LAR     AR1，5H     ；（DP=4:0200h～027Fh）将数据存储器地址 205 的内容装入 AR1
寄存器
LAR     AR1，#50H   ；将短立即数 0050h 装入 AR1 寄存器
LAR     AR1，#1234H ；将长立即数 1234h 装入 AR1 寄存器
```

12. 装载数据页指针指令 LDP

该指令将被寻址数据存储器单元的 9 位最低有效位或 9 位立即送入状态寄存器 ST0 的数据页指针 DP。DP 也可由 LST 指令装入。

LDP   5；（DP=5：地址 0280h～02FFh）

13. 装载状态寄存器指令 LST

LST 指令将被寻址数据存储器单元中的值装入指定的状态寄存器（ST0 或 ST1）。注意以下几点。

- LST #0 操作向 ARP 装入新值，但并不影响 ST1 寄存器中的 ARB 字段；
- LST #1 操作中，送入 ARB 的值也被送入 ARP；
- 若在间接寻址方式下用一操作数来指定下一 AR 值，则该操作数将被忽略，与之替代的是将被寻址数据存储器单元所含的 3 位最高有效位送入 ARP；
- 状态寄存器中的保留位读出总为 1，写这些位不起作用；

LST 指令用于子程序调用和中断后恢复状态寄存器。

```
MAR     *，AR0
LST     #0，*，AR1   ；将辅助寄存器 AR0 所寻址的数据存储器单元内容送入状态寄
                    ；存器 ST0，但不包括 INTM 位。尽管指定了下一 ARP 值，但
                    ；该位值被忽略，指定的 ARP 也不送入 ARB
LST     #1，0h       ；（DP=6：0300h～037Fh）将数据存储器单元 0300 h 的内容装入
ST1
```

14. 装载 TREG 寄存器指令 LTD

LTD 指令将数据存储单元的内容加载到 TREG。按 PM 状态位指定的方式对乘积寄存器的内容进行移位，并把移位后的值与 ACC 相加，结果放在 ACC 中。指定的数据存储单元的内容拷贝到地址加 1 的数据存储单元。数据传送功能可通过连续存储块的边界，但该指令移动数据的功能不能用于外部数据寄存器或存储器映射的寄存器。若 LTD 被用于外部数据存储器，则功能与 LTA 相同。

LTD　　　123　　　;（DP=5：0280h～02FFh，PM=0：乘积不移位）

执行前：（02FBh）=0022h，（02FCh）=0000h，（TREG）=0003h，（PREG）=000Fh，（ACC）=0005h

执行后：（02FBh）=0022h，（02FCh）=0022h，（TREG）=0022h，（PREG）=000Fh，（ACC）=0014h

LTD　　　*，AR3　　　;（PM=0）

执行前：ARP=1，（AR1）=02FBh，（02FBh）=0022h，（02FCh）=0000h，（TREG）=0003h，（PREG）=000Fh，（ACC）=0005h

执行后：ARP=3，（AR1）=02FBh，（02FBh）=0022h，（02FCh）=0000h，（TREG）=0022h，（PREG）=000Fh，（ACC）=0014h

15. 乘且累加并带数据移动指令 MACD

MACD 指令可以完成以下功能：

- 按 PM 状态位指定的方式把先前的乘积移位，再与 ACC 的内容相加；
- 把指定的数据存储单元的内容加载到 TREG；
- 将存放在 TREG 寄存器中的数据存储单元值乘以指定的程序存储器地址中的内容；
- 将指定的数据存储器地址中的内容复制到下一个数据存储器。

当重复执行 MACD 指令时，每重复一次包含在 PC 中的程序存储器地址加 1。若使用间接寻址指定数据存储器地址，则每次重复时就可以访问新的数据存储器地址；若使用直接寻址方式指定的数据存储器地址是常数，重复时不会对其进行修改。若 MACD 寻址存储器映像寄存器或外部存储器作为数据存储器单元，则 MACD 功能与 MAC 相同，数据移动不会发生。

MACD　　FF00h，0008h　　　;DP=6：0300h～037Fh；PM=0；　CNF=1：B0 配置为程序
　　　　　　　　　　　　　　;存储器

执行前：数据存储器（0308h）=0023h，（0309h）=0023h，程序存储器（FF00h）=0004h，（TREG）=0045h，（PREG）=004458972h，（ACC）=0723EC41h

执行后：数据存储器（0308h）=0023h，（0309h）=0023h，程序存储器（FF00h）=0004h，（TREG）=0023h，（PREG）=008Ch，（ACC）=076975B3h

16. 乘指令 MPY

T 寄存器内容和被寻址数据存储器单元的内容相乘，其结果转入 P 寄存器中。若使用短立即数寻址，则 T 寄存器和带符号的 13 位常数相乘，无论 SXM 为何值。短立即数总是靠右对齐并在相乘之前进行符号扩展。

MPY　　　5　　　;（DP=4：0200h～027Fh）将数据存储器单元 0205h 的内容和 TREG
　　　　　　　　;寄存器中的内容相乘，结果保存在 TREG 中

MPY　　　*，AR2　;（ARP=1，AR1= 0400h）将数据存储器单元 040Dh 的内容和 TREG
　　　　　　　　;中的内容相乘，结果保留在 TREG 中，指令执行完后 ARP= 2

MPY　　　#031h　;立即数 0031h 和 TREG 相乘，结果保存在 TREG 中

17. 重复执行下一条指令 RPT

若使用直接或间接寻址，则被寻址的数据存储器单元中的值送入重复计数器（RPTC）；若使用短立即数寻址，则 8 位立即数送入 RPTC。紧接 RPT 后的那条指令被执行 n 次，n 为 RPTC 初值加 1。由于在上下文切换时不能保存 RPTC 的值，所以重复循环被认为是多周期指令，它不能被中断。器件复位时，RPTC 被清零。

```
PRT    #20     ；执行 NOP 指令 21 次
NOP
```

18. 移位并存储累加器高位指令 SACH

SACH 指令将整个累加器复制到输出移位寄存器中，然后全部 32 位数左移 0～7 位，再将移位后数值的高 16 位复制到数据存储器。在移位时，低位填 0。高位丢失，累加器内容不变。

```
SACH    10，1    ；（DP=4：0200h～027Fh）将 ACC 的左移一位，高 16 位存至数据
                ；存储器单元 20Ah 中
SACH    *+，AR2  ；（ARP=1）将 ACC 的高 16 位存至 AR1 指向的数据存储器单
                ；元，操作完成之后 ARP=2
```

19. 移位并存储加器低位指令 SACL

SACL 指令将整个累加器复制到输出移位寄存器中，然后全部 32 位数左移。0～7 位，再将移位后数值的低 16 位复制到数据存储器。在移位时，低位填 0，高位丢失，累加器内容不变。

```
SACL    10，1    ；（DP=4，0200h～027Fh）将 ACC 的左移一位，低 16 位存至数据
                ；存储器单元 20Ah 中
SACH    *+，AR2  ；（ARP=1）将 ACC 的高 16 位存至 AR1 指向的数据存储器单
                ；元，操作完成之后 ARP=2
```

20. 存储辅助寄存器指令 SAR

SAR 指令将指定的辅助寄存器（ARx）内容存入指定的数据存储单元。在间接寻址方式中，当 SAR 指令同时也要对当前辅助寄存器内容进行修改时，SAR 将在增、减辅助寄存器内容前将辅助寄存器值存至数据存储器。

```
SAR     AR0，30h   ；（DP=6：3000h～037Fh）将 AR0 的值存至数据存储器单元 0330h
SAR     AR0，*+    ；将 AR0 的值存入辅助寄存器 AR0 指向的数据存储器单元，
```
同时 AR0 的值增 1

执行前：ARP=1，AR0=0400h，（0400h）= 0000h

执行后：ARP=0，AR0= 0401h，（0400h）= 0400h

21. 从当前辅助寄存器中减去立即数指令 SBRK

该 SBRK 指令从指定的辅助寄存器中减去 8 位立即数值，其结果替换原有的辅助寄存器中的内容。减法在辅助寄存器算术单元（ARAU）中进行，立即数值被作为 8 位正数处理。所有辅助寄存器的算术运算都是无符号的。

```
SBRK    #20h
```
执行前：ARP=5，AR5=0050h，指令执行后：ARP=5，AR5=0030h

22. 设置控制位指令 SETC

SETC 指令设置指定的控制位为 1。LST 指令也可用于装载 ST0 和 ST1 寄存器。指定的控制位为下述控制位之一。

C：状态寄存器 ST1 的进位位

CNF：状态寄存器 ST1 的 RAM 配置控制位

INTM：状态寄存器 ST0 的中断方式位

OVM：状态寄存器 ST0 的溢出方式位

SXM：状态寄存器 ST1 的符号扩展方式位

TC：状态寄存器 ST1 的测试/控制标志位

XF：状态寄存器 ST1 的 XF 引脚状态位

SETC   TC：将 ST1 的 TC 位置 1

23. 存储长立即数至数据存储器指令 SPLK

SPLK 指令将一个 1G 位值写入任何一个数据存储器单元。在直接寻址方式下使用该指令对数据存储器单元赋值时，通常需要将数据页指针 DP 指向该数据存储器单元所在的数据页。

SPLK   #30h.，5   ；（DP=4）将 0030h 存至数据存储器单元 0205h 处

SPLK   #1122h，*十，AR4

执行前：ARP=0 ，AR0=0400h，（0400h）=0000h

执行后：ARP=4，AR0=0401h，（0400h）=1122h

24. 存储状态寄存器指令 SST

SST 指令将指定的状态寄存器 ST0 和 ST1 存入数据存储器。在直接寻址方式下，不管 ST0 中的数据页指针（DP）为何值，指定的状态寄存器总是被存入第 0 页。虽然处理器将自动访问第 0 页，但 DP 指针不会被修改。在存储 ST0 和 ST1 时，DP 不被修改，第 0 页内的特定存储单元在指令中给出，在间接寻址方式中，存储地址从被选的辅助寄存器获取，从而指定的状态寄存器内容可被存储至数据存储器中任意页内的地址。

SST   #0，60h ；自动访问数据页 0，将 ST0 的值存入数据存储器单元 0060h 中

25. 表读指令 TBLR

TBLR 指令将程序存储单元中的一个字传送到指令指定的数据存储单元。程序存储单元中的地址由 ACC 的低 16 位指定。该指令先从程序存储单元读出，然后写入指定的数据存储单元。当和重复指令（RPT）一同重复使用时，TBLR 成为单周期指令，并且用 ACC（15：0）装载后的程序计数器每个周期增 1。

TBLR   6h   ；（DP=4）

执行前：（ACC）=0023h，程序存储器（0023h）= 3060h，数据存储器（0206h）= 0075h

执行后：（ACC）=0023h，程序存储器（0023h）= 3060h，数据存储器（0206h）= 0306h

TBLR   *，AR7

执行前：ARP=0，（AR0）=0300h，（ACC）=0024h，程序存储器（0024h）=0307h，数据存储器（0300h）=0075h

执行后：ARP=7，（AR0）=0300h，（ACC）=0024h，程序存储器（0024h）=0300h，数据存储器（0300h）=0307h

由于篇幅有限，本节仅以几个比较典型的指令为例，介绍了编程过程中指令的使用方法。需要注意的是，直接寻址时 DP 指针一定要定位到要访问的数据存储区，间接寻址时当前 ARP 必须设置正确，否则不能正确访问单元。关于 TMS320C24X 指令集每条指令的详细介绍请参考 "TMS320C24x DSP Controllers Reference Guide CPU and Instruction Set"。

思 考 题

1. 简述 TMS320LF240x 指令集采用存储器寻址方式。
2. TMS320LF240x 有哪几种基本的数据寻址方式？
3. 间接寻址方式借助什么寄存器作为基址寄存器？
4. 直接寻址方式的数据内存页指针有什么作用？
5. 在循环寻址方式中，如何确定循环缓冲的起始地址？

第 5 章　CCS 集成开发环境

作为 DSP 芯片的开发者来说，要想缩短开发周期，降低开发难度，就必须有一套完整的软硬件开发工具。本章主要介绍 TMS320 系列的 DSP 开发环境和开发工具。

5.1　开发流程和开发工具

本节概述 CCS（Code Composer Studio）软件开发过程、CCS 组件及 CCS 使用的文件和变量。CCS 提供了配置、建立、调试、跟踪和分析程序的工具，它便于实时、嵌入式信号处理程序的编制和测试，它能够加速开发进程，提高工作效率。CCS 提供了基本的代码生成工具，它们具有一系列的调试、分析能力。CCS 支持图 5.1 所示的开发周期的所有阶段。

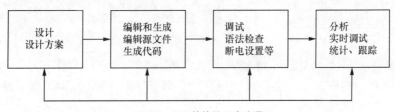

图 5.1　CCS 的软件开发流程

5.1.1　代码生成工具

代码生成工具奠定了 CCS 所提供的开发环境的基础。图 5.2 所示是一个典型的软件开发流程图，图中阴影部分表示通常的 C 语言开发途径，其他部分是为了强化开发过程而设置的附加功能。

图 5.2 描述的工具如下。

- C 编译器（C compiler）：产生汇编语言源代码，其细节参见《TMS320C54x 最优化 C 编译器用户指南》。
- 汇编器（Assembler）：把汇编语言源文件翻译成机器语言目标文件，机器语言格式为公用目标格式（COFF），其细节参见《TMS320C54x 汇编语言工具用户指南》。
- 连接器（Linker）：把多个目标文件组合成单个可执行目标模块。它一边创建可执行模块，一边完成重定位以及决定外部参考。连接器的输入是可重定位的目标文件和目标库文件，有关连接器的细节参见《TMS320C54x 最优化 C 编译器用户指南》和《汇编语言工具用户指南》。

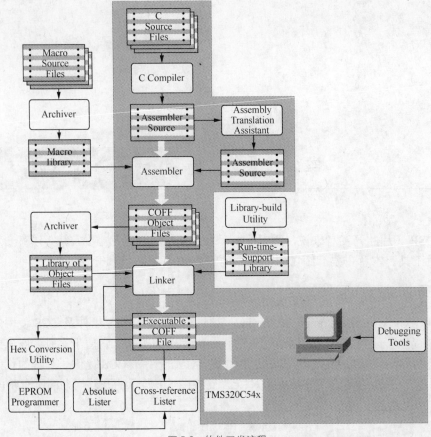

图 5.2 软件开发流程

- 归档器（Archiver）：允许用户把一组文件收集到一个归档文件中。归档器也允许用户通过删除、替换、提取或添加文件来调整库，其细节参见《TMS320C54x 汇编语言工具用户指南》。

- 运行支持库（Run_time_support Libraries）：它包括 C 编译器所支持的 ANSI 标准运行支持函数、编译器公用程序函数、浮点运算函数和 C 编译器支持的 I/O 函数，其细节参见《TMS320C54x 最优化 C 编译器用户指南》。

- 十六进制转换公用程序（Hex Conversion Utility）：它把 COFF 目标文件转换成 TI-Tagged、ASCII-hex、Intel、Motorola-S、或 Tektronix 等目标格式，可以把转换好的文件下载到 EPROM 编程器中，其细节参见《TMS320C54x 汇编语言工具用户指南》。

- 交叉引用列表器（Cross_reference Lister）：它用目标文件产生参照列表文件，可显示符号及其定义，以及符号所在的源文件，其细节参见《TMS320C54x 汇编语言工具用户指南》。

- 绝对列表器（Absolute Lister）：它输入目标文件，输出.abs 文件，通过汇编.abs 文件可产生含有绝对地址的列表文件。如果没有绝对列表器，这些操作将需要冗长乏味的手工操作才能完成。

5.1.2 CCS 的菜单和工具条

1. 菜单

菜单提供了操作 CCS 的方法，由于篇幅所限这里仅就重要内容进行介绍。

（1）File 菜单

File 菜单提供了与文件相关的命令，其中比较重要的操作命令如下。

• New→Souree File：建立一个新源文件，扩展名包括*.c、*.asm、*.cmd.、*.map、*.h、*.inc、*.gel 等。

• New→DSP/BIOS Configuration：建立一个新的 DSP/BIOS 配置文件。

• New→Visual Linker Recipe：建立一个新的 Visual Linker Recipe 向导。

• New→ActiveX Document：在 CCS 中打开一个 Active X 类型的文档（如 Microsoft Excel 等）。

• Load Program：将 DSP 可执行的目标代码 COFF（.out）载入仿真器中（Simulator 或 Emulator）。

• Load GEL：加载通用扩展语言文件到 CCS 中。

• Data→Load：将主机文件中的数据加载到 DSP 目标系统板，可以指定存放的数据长度和地址。数据文件的格式可以是 COFF 格式，也可以是 CCS 所支持的数据格式，缺省文件格式是.dat 的文件。当打开一个文件时，会出现图 5.3 所示的对话框。该对话框的含义是加载主机文件到数据段的从 0x0D00 处开始的长度为 0x00FF 的存储器中。

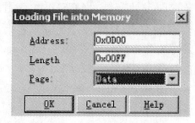

图 5.3　存储器下载对话框

• Data→Save：将 DSP 目标系统板上存储器中的数据加载到主机上的文件中，该命令和 Data→Load 是一个相反的过程。

• File I/O：允许 CCS 在主机文件和 DSP 目标系统板之间传送数据，一方面可以从 PC 机文件中取出算法文件或样本用于模拟，另一方面也可以将 DSP 目标系统处理后的数据保存在主机文件中。File I/O 的功能主要与 Probe Point 配合使用。Probe Point 将告诉调试器在何时从 PC 文件中输入或输出数据。File I/O 功能并不支持实时数据交换。

（2）Edit 菜单

Edit 菜单提供的是与编辑有关的命令。Edit 菜单内容比较容易理解，在这里只介绍比较重要的命令。

• Register：编辑指定的寄存器值，包括 CPU 寄存器和外设寄存器。由于 Simulator 不支持外设寄存器，因此不能在 Simulator 下监视和管理外设寄存器内容。

• Variable：修改某一变量值。

• Command Line：提供键入表达式或执行 GEL 函数的快捷方法。

（3）View 菜单

在 View 菜单中，可以选择是否显示各种工具栏、各种窗口和各种对话框等。其中比较重要的命令如下。

• Disassembly：当将 DSP 可执行程序 COFF 文件载入目标系统后，CCS 将自动打开一个反汇编窗口。反汇编窗口根据存储器的内容显示反汇编指令和符号信息。

- Memory：显示指定存储器的内容。
- Registers→CPU Registers：显示 DSP 的寄存器内容。
- Registers→Peripheral Registers：显示外设寄存器内容。Simulator 不支持此功能。
- Graph→Time/Frequency：在时域或频域显示信号波形。
- Graph→Constellation：使用星座图显示信号波形。
- Graph→Eye Diagram：使用眼图来量化信号失真度。
- Graph→Image：使用 Image 图来测试图像处理算法。
- Watch Window：用来检查和编辑变量或 C 表达式，可以以不同格式显示变量值，还可以显示数组、结构或指针等包含多个元素的变量。
- Call Stack：检查所调试程序的函数调用情况。此功能调试 C 程序时有效。
- Expression List：所有的 GEL 函数和表达式都采用表达式求值来估值。
- Project CCS：启动后将自动打开视图。
- Mixed Source/Asm：同时显示 C 代码及相关的反汇编代码。

（4）Project 菜单

CCS 使用工程（Project）来管理设计文档。CCS 不允许直接对 DSP 汇编代码或 C 语言源文件生成 DSP 可执行代码。只有建立在工程文件基础上，在菜单或工具栏上运行 Build 命令才会生成可执行代码。工程文件被存盘为.pjt 文件。在 Project 菜单下，除 New/Open/Close 等常见命令外，其他比较重要的命令介绍如下。

- Add Files to Project CCS：根据文件的扩展名将文件添加到工程的相应子目录中。工程中支持 C 源文件（*.c*）、汇编源文件（*.a*、*.s*）、库文件（*.o*、*.lib）、头文件（*.h）和链接命令文件（*.cmd）。其中 C 和汇编源文件可以被编译和链接，库文件和链接命令文件只能被链接，CCS 会自动将头文件添加到工程中。
- Compile：对 C 或汇编源文件进行编译。
- Biuld：重新编译和链接。对那些没有修改的源文件，CCS 将不重新编译。
- Rebuiled All：对工程中所有文件重新编译并链接生成输出文件。
- Stop Build：停止正在 Build 的进程。
- Biuld Options：用来设定编译器、汇编器和链接器的参数。

（5）Debug 菜单

Debug 菜单包含的是常用的调试命令，其中比较重要的命令介绍如下。

- Breakpoints：设置/取消断点命令。

程序执行到断点时将停止运行。当程序停止运行时，可检查程序的状态，查看和更改变量值，查看堆栈等。在设置断点时应注意以下两点：

① 不要将断点设置在任何延迟分支或调用指令处。

② 不要将断点设置在 repeat 块指令的倒数 1、2 行指令处。

- Probe Points：探测点设置。

允许更新观察窗口并在设置 Probe Points 处将 PC 文件数据读至存储器或将存储器数据写入 PC 文件，此时应设置 File I/O 属性。

对每一个建立的窗口，默认情况是在每个断点（Breakpoints）处更新窗口显示，然而也可以将其设置为到达 Probe Points 处更新窗口。使用 Probe Points 更新窗口时，目标 DSP 将临时中止运行，当窗口更新后，程序继续运行。因此 Probe Points 不能满足实时数据交换（RTDX）的需要。

- StepInto：单步运行。如果运行到调用函数处将跳入函数单步运行。
- StepOver：执行一条 C 指令或汇编指令。与 StepInto 不同的是，为保护处理器流水线，该指令后的若干条延迟分支或调用将同时被执行。如果运行到函数调用处将执行完该函数而不跳入函数执行，除非在函数内部设置了断点。
- StepOut：如果程序运行在一个子程序中，执行 StepOut 将使程序执行完该子程序，回到调用该函数的地方。在 C 源程序模式下，根据标准运行 C 堆栈来推断返回地址，否则根据堆栈顶的值来求得调用函数的返回地址。因此，如果汇编程序使用堆栈来存储其他信息，则 StepOut 命令可能工作不正常。
- Run：当前程序计数器（PC）执行程序，碰到断点时程序暂停运行。
- Halt：中止程序运行。
- Animate：动画运行程序。当碰到断点时程序暂时停止运行，在更新未与任何 Probe Points 相关联的窗口后程序继续执行。该命令的作用是在每个断点处显示处理器的状态，可以在 Option 菜单下选择 Animate Speed 来控制其速度。
- Run Free：忽略所有断点（包括 Probe Points 和 Profile Points），从当前 PC 处开始执行程序。此命令在 Simulator 下无效。使用 Emulator 进行仿真时，此命令将断开与目标 DSP 的连接，因此可移走 JTAG 和 MPSD 电缆。在 Run Free 时还可对目标 DSP 硬件复位。
- Run to Cursor：执行到光标处，光标所在行必须为有效代码行。
- Multiple Operation：设置单步执行的次数。
- Reset DSP：复位 DSP，初始化所有寄存器到其上电状态并中止程序运行。
- Restart：将 PC 值恢复到程序的入口。此命令并不开始程序的运行。
- Go Main：在程序的 main 符号处设置一个临时断点。此命令在调试 C 程序时起作用。

（6）Profiler 菜单

剖切点（Profiler Points）是 CCS 的一个重要的功能，它可以在调试程序时，统计某一块程序执行所需要的 CPU 时钟周期数、程序分支数、子程序被调用数和中断发生次数等统计信息。Profile Point 和 Profile Clock 作为统计代码执行的两种机制，常常一起配合使用。Profiler 菜单的主要命令介绍如下。

- Enable Clock：为获得指令的周期及其他事件的统计数据，必须使能剖析时钟（Profile Clock）。当剖析时钟被禁止时，将只能计算到达每个剖析点的次数，而不能计算统计数据。

指令周期的计算方式与 DSP 的驱动程序有关，对使用 JTAG 扫描路径进行通信的驱动程序，指令周期通过处理器的片内分析功能进行计算，其他驱动程序则可以使用其他类型的定时器。Simulator 使用模拟的 DSP 片内分析接口来统计剖析数据。当时钟使能时，CCS 调试器将占用必要的资源实现指令周期的计算。

剖析时钟作为一个变量（CLK）通过 Clock 窗口被访问。CLK 变量可在 Watch 窗口观察，并可在 Edit Variable 对话框修改其值。CLK 还可以在用户定义的 GEL 函数中使用。

Instruction Cycle Time 用于执行一条指令的时间，其作用是在显示统计数据时将指令周期数转化成时间或频率。

- Clock Setup：时钟设置。单击该命令将出现图 5.4 所示的 Clock Setup 的对话框。

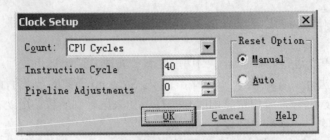

图 5.4 Clock Setup 对话框

在 Count 域内选择剖析的事件。使用 Reset Option 参数可以决定如何计算。如选择 Manual 选项，则 CLK 变量将不断累计指令周期数；如选择 Auto 选项，则在每次 DSP 运行前自动将 CLK 设置 0。因此，CLK 变量显示的是上一次运行以来的指令周期数。

- View Clock：打开 Clock 窗口，以显示 CLK 变量的值。

双击 Clock 窗口的内容可直接复位 CLK 变量（使 Clock=0）。

（7）Option 菜单

Option 菜单提供 CCS 的一些设置选项，其中比较重要的命令介绍如下。

- Font：设置字体。该命令可以设置字体、大小及显示样式等。
- Disassembly Style Options：设置反编译窗口显示模式，包括反汇编成助记符或代数符号，直接寻址与间接寻址，用十进制、二进制或十六进制显示。
- Memory Map：用来定义存储器映射。存储器映射指明了 CCS 调试器，不能访问哪段存储器。典型情况下，存储器映射与命令文件的存储器定义一致。

（8）GEL 菜单

CCS 软件本身提供了 C24X 和 C28X 的 GEL 函数，它们在 c2000.gel 文件中定义。GEL 菜单中包括 CPU_Reset 和 C24X _Init 命令。

- CPU_Reset：该命令复位目标 DSP 系统、复位存储器映射（处于禁止状态）以及初始化寄存器。
- C24X _Init：该命令也对目标 DSP 系统复位，与 CPU_Reset 命令不同的是，该命令使能存储器映射，同时复位外设和初始化寄存器。

（9）Tools 菜单

Tools 菜单提供了常用的工具集，这里就不再介绍了。

2. 工具条

CCS 集成开发环境提供 5 种工具栏，以便执行各种菜单上相应的命令。这 5 种工具栏可在 View 菜单下选择是否显示。

- Standard Toolbar：标准工具栏，如图 5.5 所示，包括新建、打开、保存、剪切、复制、粘贴、取消、恢复、查找、打印和帮助等常用工具。

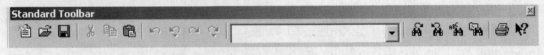

图 5.5 标准工具栏

- Project Toolbar：工程工具栏，如图 5.6 所示，包括选择当前工程、编译文件、设置和移去断点、设置和移去 Probe Point 等功能。

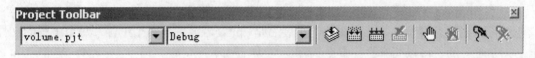

图 5.6 工程工具栏

- Edit Toolbar：提供了一些常用的查找和设置标签命令，如图 5.7 所示。

图 5.7 Edit 工具栏

- GEL Toolbar：提供了执行 GEL 函数的一种快捷方法，如图 5.8 所示。在工具栏的左侧文本输入框中键入 GEL 函数，再单击右侧的执行按钮即可执行相应的函数。如果不使用 GEL 工具栏，也可以使用 Edit 菜单下的 Edit Command Line 命令执行 GEL 函数。

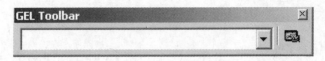

图 5.8 GEL 工具栏

- ASM/Source Stepping Toolbar：提供了单步调试 C 或汇编源程序的方法，如图 5.9 所示。
- Target Control Toolbar：提供了目标程序控制的一些工具，如图 5.10 所示。
- Debug Window Toolbar：提供了调试窗口工具，如图 5.11 所示。

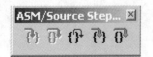

图 5.9 ASM/Source Stepping 工具栏　　图 5.10 Target Control 工具栏　　图 5.11 Debug Window 工具栏

5.1.3　CCS 工程管理

CCS 对程序采用工程（Project）的集成管理方法。工程保持并跟踪在生成目标程序或库过程中的所有信息。一个工程包括：

- 源代码的文件名和目标库的名称；
- 编译器、汇编器、连接器选项；
- 有关的包括文件。

本节说明在 CCS 中如何创建和管理用户程序。

1. 工程的创建、打开和关闭

每个工程的信息存储在单个工程文件（*.pjt）中。使用以下的步骤创建、打开和关闭工程。

- 创建一个新工程。

选择"Project→New（工程→新工程）"，如图 5.12 所示，在 Project 栏中输入工程名字，其他栏目可根据习惯设置。工程文件的扩展名是*.pjt。若要创建多个工程，每个工程的文件名必须是唯一的。可以同时打开多个工程。

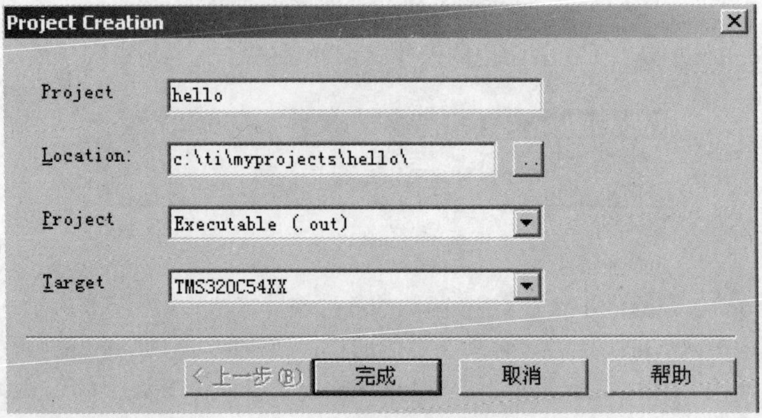

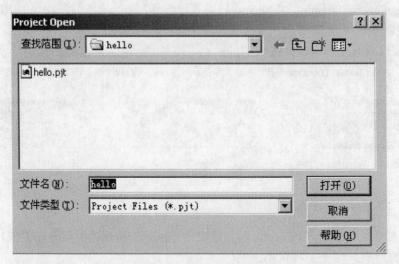

图 5.12 建立新工程对话框

- 打开已有的工程。

选择"Project→ Open"（工程→ 打开），弹出图 5.13 所示工程打开对话框。双击需要打开的文件（*.pjt）即可。

图 5.13 打开工程对话框

- 关闭工程。

选择"Project→ Close"（工程→ 关闭），即可关闭当前工程。

2. 使用工程观察窗口

工程窗口图形显示工程的内容。当打开工程时，工程观察窗口自动打开，如图 5.14 所示。要展开或压缩工程清单，单击工程文件夹、工程名（*.pjt）和各个文件夹上的＋/－号即可。

3.加文件到工程

使用以下的步骤将与该工程有关的源代码、目标文件、库文件等加入到工程清单中去。

（1）加文件到工程

- 选择 "Project→Add Files to Project"（工程 → 加文件到工程），出现 "Add Files to Project" 对话框。

- 在 "Add Files to Project" 对话框，指定要加入的文件。如果文件不在当前目录中，浏览找到文件。

- 单击"打开"按钮，将指定的文件加到工程中去。当文件加入时，工程观察窗口将自动的更新。

（2）从工程中删除文件

- 按需要展开工程清单。

- 右击要删除的文件名。

- 从上下文菜单，选择 "Remove from Project"（从工程中删除）。

注意文件扩展名，文件通过其扩展名来辨识。

图 5.14　工程观察窗口

5.1.4　CCS 源文件管理

1.创建新的源文件

可按照以下步骤创建新的源文件。

- 选择 "File→New→Source File"（文件→新文件→源文件），将打开一个新的源文件编辑窗口。

- 在新的源代码编辑窗口输入代码。

- 选择 "File→Save"（文件→保存）或 "File→Save As"（文件→另存为）保存文件。

2.打开文件

可以在编辑窗口打开任何 ASCII 文件。

- 选择 "File→Open"（文件→打开），将出现图 5.15 所示的打开文件对话框。

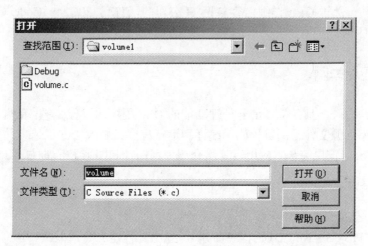

图 5.15　打开文件对话框

- 在打开文件对话框中双击需要打开的文件，或者选择需要打开的文件，并单击打开按钮。

3. 保存文件

- 单击编辑窗口，激活需保存的文件。
- 选择"File→Save"（文件→保存），输入要求保存的文件名。
- 在保存类型栏中，选择需要的文件类型，如图 5.16 所示。
- 单击保存按钮。

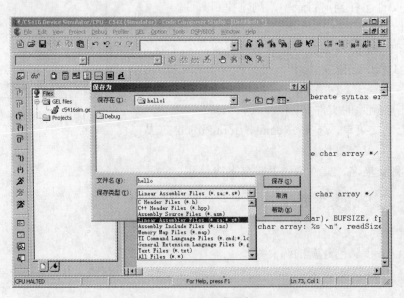

图 5.16　保存文件对话框

5.1.5　通用扩展语言 GEL

通用扩展语言 GEL（General Extension Language）是一种与 C 类似的解释性语言。利用 GEL 语言，用户可以访问实际/仿真目标板，设置 GEL 菜单选项，特别适合用于自动测试和自定义工作空间。关于 GEL 详细内容参见 TI 公司的《TMS320C24x Code Composer Studio User's Guide》手册。

5.2　CCS 应用举例

本节讲述开发一个具备基本信号处理功能的 DSP 程序的过程。首先介绍如何创建一个工程、向工程中添加源文件、浏览代码、编译和运行程序、修改 Build 选项并更正语法错误、使用断点和 Watch 窗口等基本应用，其次介绍使用探针和图形显示的方法。

5.2.1　基本应用

1. 创建一个工程

- 选择"Project→New"（工程→新建），弹出工程建立对话框。
- 在 Project 栏输入文件名 Volume。默认的工作目录是 C:\ti\myprojects\（假设 CCS 安

装在 C:\ti 下），其他两项也选默认即可。

- 单击"完成"按钮，将在工程窗口的 Project 下面创建 Volume 工程。

2. 向工程中添加源文件

- 将"C:\ti\tutorial\sim54xx\Volume1"（假设 CCS 安装在 C:\ti 下）下全部文件复制到新建的"C:\ti\myprojects\Volume"目录下。

- 选择"Project→ Add Files to Project（工程→加载文件）"，在文件加载对话框中选择 volume.c 文件，点击打开按钮将 volume.c 添加到工程中，如图 5.17 所示。

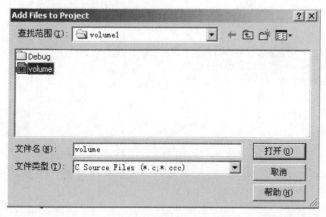

图 5.17　添加 Volume.c 文件

- 用同样方法将 Vector.asm 添加到工程中。Vector.asm 中包含的是将 RESET 中断指向 C 程序入口 c_int00 的汇编指令和其他中断的入口指令。如果调试的程序更为复杂，则可在 Vector.asm 中定义更多的中断矢量。

- 将 Volume.cmd 添加到工程文件中。该文件的作用是将段（Sections）分配到存储器中。

- 将 load.asm 添加到工程文件。该文件包含一个简单的汇编循环程序，被 C 程序调用。调用时带有一个参数（argument），执行此程序共需约 1000×argument 个指令周期。

- 将"C:\ti\c5400\cgtools\lib"下的 rts.lib 加入到工程文件中。该文件是采用 C 语言开发 DSP 应用程序的运行支持库函数。

在工程中双击所有"+"，即可看到整个工程的文件。在以上的操作中，没有将头文件加到工程中，CCS 将在 Bulid 时自动查找所需的头文件。

3. 浏览代码

双击 Project 视图中的 Volume.c，将在代码窗口看到源文件代码。

```
#include <stdio.h>
#include "volume.h"
/* Global declarations */
int inp_buffer[BUFSIZE];        /* processing data buffers */
int out_buffer[BUFSIZE];
int gain = MINGAIN;                     /* volume control variable */
unsigned int processingLoad = BASELOAD;  /* processing routine load value */
struct PARMS str =
{
   2934,
   9432,
```

```
        213,
        9432,
        &str
};
/* Functions */
extern void load(unsigned int loadValue);
static int processing(int *input, int *output);
static void dataIO(void);
/*
 * ======== main ========
 */
void main()
{
    int *input = &inp_buffer[0];
    int *output = &out_buffer[0];
    puts("volume example started\n");
    /* loop forever */
    while(TRUE)
    {
        /*
         * Read input data using a probe-point connected to a host file.
         * Write output data to a graph connected through a probe-point.
         */
        dataIO();
        #ifdef FILEIO
        puts("begin processing")          /* deliberate syntax error */
        #endif
    /* apply gain */
        processing(input, output);
    }
}
/*
 * ======== processing ========
 *
 * FUNCTION: apply signal processing transform to input signal.
 *
 * PARAMETERS: address of input and output buffers.
 *
 * RETURN VALUE: TRUE.
 */
static int processing(int *input, int *output)
{
    int size = BUFSIZE;
    while(size--){
        *output++ = *input++ * gain;
    }
/* additional processing load */
    load(processingLoad);
    return(TRUE);
}
/*
 * ======== dataIO ========
 *
 * FUNCTION: read input signal and write processed output signal.
```

```
 *
 * PARAMETERS: none.
 *
 * RETURN VALUE: none.
 */
static void dataIO()
{
    /* do data I/O */
    return;
}
```

从以上代码可以看出：

① 主程序显示一条提示信息后，进入一个无限循环，不断调用 dataIO 和 processing 两个函数；

② processing 函数将输入 buffer 中的数与增益相乘，并将结果送给输出 buffer，它还调用汇编 load 例程的参数 processingLoad 的值计算指令周期的时间；

③ dataIO 函数不执行任何实质操作。它没有使用 C 代码执行 I/O 操作，而是通过 CCS 中的 Probe Point 工具，从 PC 机文件中读取数据到 inp_buffer 中，作为 processing 函数的输入参数。

4. 编译和运行程序

- 选择 "Project→Rebuild All"（工程→重新编译），对工程进行重新编译。
- 选择 "File→Load Program"（文件→下载程序），选 volume.out 并打开，将 Build 生成的程序加载到 DSP。
- 选择 "View→Mixed Source/ASM"（查看→混合 C 程序/汇编）。该设置使得 C 程序与其汇编结果同时显示。
- 在反汇编窗口中单击汇编指令，按 F1 键切换到在线帮助窗口，显示光标所在行的关键词的帮助信息。
- 选择 "Debug　Go Main"（调试→到主程序首）来使得程序从主程序开始执行。
- 选择 "Debug→Run"（调试→运行），可以在 Output 窗口看到 "begin processing" 信息。
- 选择 "Debug→ Halt"（调试→停止），中止正在执行的程序。

5. 修改 Build 选项并更正语法错误

在以上的程序中由于 FILEIO 没有定义，因而在编译时将忽略程序中的部分代码，这样在链接生成的 DSP 程序中也不包括这部分代码。下面通过更改程序选项来定义 FILEIO，从而将这部分代码生成到执行程序中。

- 选择 "Project→Build Options"（工程→编译选项）。
- 在 Compiler 栏的 Categroy 域，单击 Preprocessor。在右侧的 Define Symbols 中键入 FILEIO。这时将在编译参数栏中看到-dFILEIO，如图 5.18 所示。在定义 FILEIO 后，C 编译器将对所有的源代码进行编译。
- 单击 "确定" 按钮保存选项设置结果。
- 选择 "Project→Rebuild All"（工程→重新编译）。在工程选项更改后，重新编译程序是必须的。
- 此时 output 窗口提示源代码中存在语法错误，错误出现在第 68 行，如图 5.19 所示。在该行后加分号后存盘，再重新编译程序并生成新的 volume.out 文件。

图 5.18　在 Build Options 下定义 FILEIO

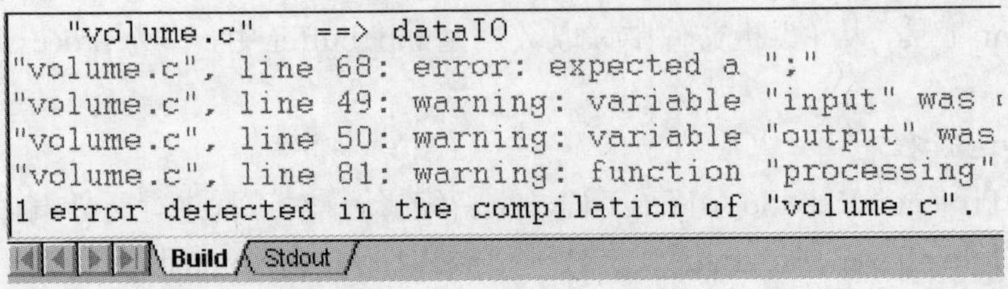

```
    "volume.c"  ==> dataIO
"volume.c", line 68: error: expected a ";"
"volume.c", line 49: warning: variable "input" was
"volume.c", line 50: warning: variable "output" was
"volume.c", line 81: warning: function "processing"
1 error detected in the compilation of "volume.c".
◄ ◄ ► ►| \ Build \ Stdout /
```

图 5.19　编译错误提示

6. 使用断点和 Watch 窗口
- 选择"File→Reload Program"（文件→重新下载程序），重新下载程序。
- 在工程视图中双击 volume.c，打开源文件编辑窗口。
- 将光标放在"dataIO();"行。
- 右击鼠标，在弹出菜单上选择 Toggle breakpoint，设置断点。
- 选择"View→Watch Window"（查看→观察窗口），将出现 Watch 窗口。程序运行时 Watch Window 窗口将显示要查看的变量值。
- 选择 Watch1 栏。
- 在 Watch1 窗口单击 图标，在 name 栏输入 dataIO。
- 选择"Debug→Go Main"（调试→到主程序首）。
- 选择"Debug→Run"（调试→运行），运行程序，如图 5.20 所示。显示出 dataIO 是一个函数，该函数存放的首地址是 0x00001457。

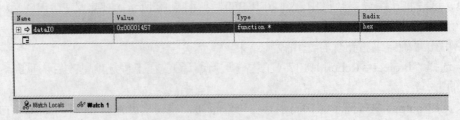

图 5.20　运行后的 Watch1 窗口

7．使用 Watch 窗口观察结构体

仿照上面的方法，在 Watch 窗口中加入 str 结构体变量。可以看到在 str 左边有一个"＋"标志，表明 str 是一个结构体。双击"＋"后将看到 str 结构体中包含的元素，如图 5.21 所示，双击每个元素可以更改其数值大小。

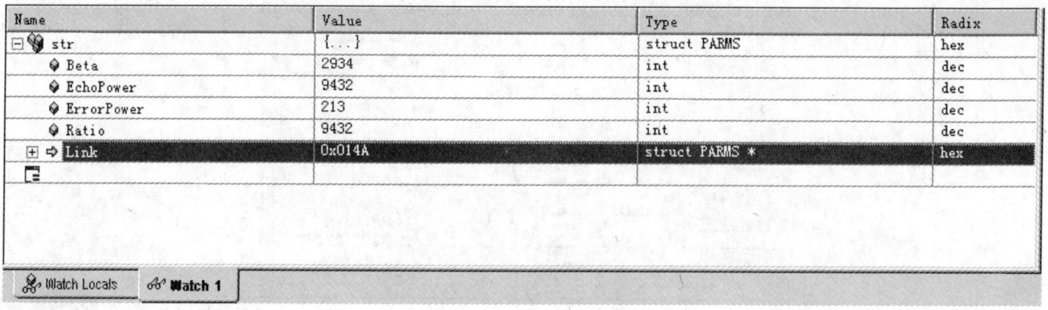

Name	Value	Type	Radix
☐ ☺ str	{...}	struct PARMS	hex
☖ Beta	2934	int	dec
☖ EchoPower	9432	int	dec
☖ ErrorPower	213	int	dec
☖ Ratio	9432	int	dec
⊞ ⇨ Link	0x014A	struct PARMS *	hex
☐			

Watch Locals　　**Watch 1**

图 5.21　Watch 窗口的结构体显示

在 Watch 窗口中单击右键，在弹出菜单时还可选择：移去一个表达式、隐藏 Watch 窗口等。可以通过选择"Debug→Breakpoints"（调试→断点），在该窗口中单击 Delete All 按钮将所有断点去掉。

5.2.2　探针和显示图形的使用

本实例介绍创建和测试一个简单数字信号算法的过程，所需处理的数据放在 PC 机文件中。通过本实例学习使用探针和图形显示的方法。

Probe Point 是开发算法的一个有用工具，可以使用 Probe Point 从 PC 机文件中存取数据。即：

- 将 PC 机文件中数据传送到目标板上的 buffer，供算法使用；
- 将目标板上 buffer 中的输出数据传送到 PC 机文件中以供分析；
- 更新一个窗口，如由数据绘出的 Graph 窗口。

Probe Point 与 Breakpoints 都会中断程序的运行，但 Probe Point 与 Breakpoints 在以下方面不同。Probe Point 只是暂时中断程序运行，当程序运行到 Probe Point 时会更新与之相连接的窗口，然后自动继续运行程序；Breakpoints 中断程序运行后，将更新所有打开的窗口，且只能用人工的方法恢复程序运行；Probe Point 可与 FILEIO 配合，在目标板与 PC 文件之间传送数据，Breakpoints 则无此功能。

下面讲述如何使用 Probe Point 将 PC 机上文件中的内容作为测试数据传送到目标板。同时使用一个断点以便在到达 Probe Point 时自动更新所有打开的窗口。

1．为 FILE I/O 添加 Probe Point

- 打开上节已经完成的程序，并进行编译。
- 选择"File→Load Program"（文件→下载程序）。选择 volume1.out 文件，并单击"打开"按钮。
- 双击 volume.c，以便在右边的编辑窗口显示源代码。
- 将光标放在主函数的 dataIO()行上。
- 单击右键，在弹出菜单中选择"Toggle Probe Point"，添加 Probe Point。

● 在 File（文件）菜单，选择"File I/O"，出现 File I/O 对话框，如图 5.22 所示，在对话框中选择输入/输出文件。

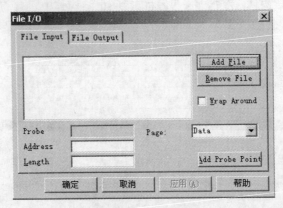

图 5.22 File I/O 对话框

● 在"File Input"栏，单击"Add File"。

● 在 volume.c 文件所在目录选择 sina.dat，并单击打开。此时将出现一个控制窗口，如图 5.23 所示。可以在运行程序时使用这个窗口来控制数据文件的开始、停止、前进、后退等操作。

● 在 File I/O 对话框中，在 Address 域填入 inp_buffer，在 length 域填入 100，同时将 Wrap Around 框选中（如图 5.24 所示）。这几部分值含义如下。

图 5.23 File I/O 控制窗口

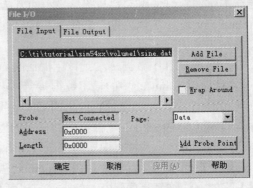

图 5.24 File I/O 属性

① Address 域指示的是从文件中读取的数据将要存放的地址。inp_buffer 是在 volume.c 中定义的整型数组，其长度为 BUFFSIZE。

② Length 域指示的是每次到达 Probe Point 时从数据文件中读取多少个样点。这里取值为 100 是因为 BUFFSIZE=100，即每次取 100 个样值放在输入缓冲中。如果 Length 超过 100 则可能导致数据丢失。

③ 选中 Wrap Around 表明读取数据的循环特性，每次读至文件结尾处将自动从文件头开始重新读取数据。这样将从数据文件中读取一个连续（周期性）的数据流。

● 单击"Add Probe Point"，将出现"Break/Probe Points"，如图 5.25 所示，选中"Probe Points"栏。

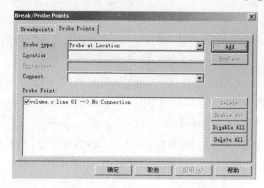

图 5.25　Break/Probe Points 对话框

- 在 Probe Point 列表中显示有"volume.c line 61 --> No Connection"行。表明该第 61 行已经设置 Probe Point，但还没有和 PC 文件关联。
- 在"Connect"域，单击向下箭头并从列表中选 sine.dat。
- 单击"Replace"按钮，Probe Point 列表框表示 Probe Point 已与 sine.dat 文件相关联。
- 单击"确定"按钮，File I/O 对话框指示文件连至一个 Probe Point。
- 单击"确定"按钮，关闭 File I/O 对话框。

2. 显示图形

如果现在运行程序，将看不到任何程序运行结果。当然可以设置 Watch 窗口观察 inp_buffer 和 out_buffer 等的值，但需要观察的变量很多，而且显示的也只是枯燥的数据，远不如图形显示直观、友好。

CCS 提供很多方法将程序产生的数据图形显示，包括时域/频域波形显示，星座图、眼图等。在本例中使用时域/频域波形显示功能观察一个时域波形。

- 选择"View Graph Time/Frequency"（显示　图形　时域/频域）。弹出 Graph Property 对话框，如图 5.26 所示。

Graph Property Dialog	
Display Type	Single Time
Graph Title	Graphical Display
Start Address	inp_buffer
Page	Data
Acquisition Buffer Size	100
Index Increment	1
Display Data Size	100
DSP Data Type	16-bit signed integer
Q-value	0
Sampling Rate (Hz)	1
Plot Data From	Left to Right
Left-shifted Data Display	Yes
Autoscale	Off
DC Value	0
Maximum Y-value	1000
Axes Display	On
Time Display Unit	s
Status Bar Display	On
Magnitude Display Scale	Linear
Data Plot Style	Line
Grid Style	Zero Line
Cursor Mode	Data Cursor

OK　Cancel　Help

图 5.26　更改图形属性

- 在 Graph Property 对话框中，更改 Graph Title（图形标题）、Start Address（起始地址）、Acquisition Buffer Size（采集缓冲区大小）、Display Data Type（DSP 数据类型）、Autoscale（自动伸缩属性）及 Maximum Y-value（最大 Y 值）。
- 单击"OK"按钮，将出现一个显示 inp_buffer 波形的图形窗口。
- 在图形窗口中单击鼠标右键，从弹出菜单中选择 Clear Display，清除已显示波形。
- 再次执行"View Graph Time/Frequency"。
- 将 Graph Title 修改为 output buffer，Start Address 修改为 out_buffer，其他设置不变。
- 单击"OK"按钮，出现一个显示 out_buffer 波形的图形窗口，同样单击右键从菜单中选 Clear Display，清除已有显示波形。

3. 动态显示程序和图形

到现在为止，我们已经设置了一个 Probe Point。它将临时中断程序运行，将 PC 机上数据传给目标板，然后继续运行程序。但是，Probe Point 不会更新图形显示内容。本节将设置一个断点，使图形窗口自动更新。使用 Animate 命令，使程序到达断点时更新窗口后自动继续运行。

- 在 volume.c 窗口，将光标放在 dataIO 行上。
- 在该行上同时设置一个断点和一个 Probe Point，这使得程序在只中断一次的情况下执行两个操作：传送数据和更新图形显示。
- 重新组织窗口以便能同时看到两个图形窗口。
- 在 Debug 菜单单击 Animate。此命令将运行程序，碰到断点后临时中断程序运行，更新窗口显示，然后继续执行程序。与 Run 不同的是，Animate 会继续执行程序直到碰到下一个断点。只有人为干预时，程序才会真正中止运行。可以将 Animate 命令理解为一个"运行中断继续"的操作。
- 每次碰到 Probe Point 时，CCS 将从 sine.dat 文件读取 100 个样值，并将其写至输入缓冲 inp_buffer。由于 sine.dat 文件保存的是 40 个采样值的正弦波形数据，因此每个波形包括 2.5 个 sine 周期波形，如图 5.27 所示。
- 选择"Debug Halt（调试 停止）"，停止程序运行。

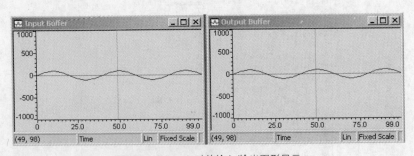

图 5.27　Gain＝1 时的输入/输出图形显示

4. 增益调节

本程序将输入缓冲的数据与增益相乘后送至输出缓冲中：

```
output++=input++*gain
```

增益被初始化为 MINGAIN，在 volume.h 中定义为 1。为改变输出值，需改变增益，方法之一是使用 Watch 功能。

- 选择"View Watch Window"（查看　观察窗口）。
- 在 Watch 窗口单击右键，选择"Insert New Expression"。
- 键入 Gain 作为要观察的表达式，单击"OK"按钮。
- 如程序已中止运行，单击 Animate 按钮重新运行程序。
- 在 Watch 窗口双击 Gain。
- 在变量编辑窗口将 Gain 值改为 10，单击"OK"按钮。
- 注意到输出缓冲图中的幅度值已经变为原来的 10 倍，如图 5.28 所示。

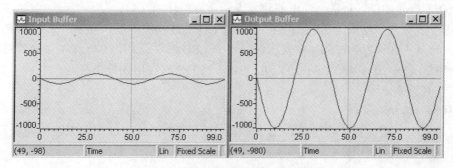

图 5.28　Gain=10 时的输入/输出图形显示

5.3　CCS 仿真

5.3.1　用 Simulator 仿真中断

C24X 允许用户仿真外部中断信号 INT0～INT3，并选择中断发生的时钟周期。为此，可以建立一个数据文件，并将其连接到 4 个中断引脚中的一个即 INT0～INT3 或 BIO 脚。值得注意的是，时间间隔用 CPU 时钟周期函数来表示，仿真从一个时钟周期开始。

1. 设置输入文件

为了仿真中断，必须先设置一个输入文件（输入文件使用文本编辑器编辑），列出中断间隔。文件中必须有如下格式的时钟周期：

```
[clock clock, logic value]rpt {n |EOS}
```

只有使用 BIO 引脚的逻辑时，才使用方括号。

- clock　clock（时钟周期）是指希望中断发生时的 CPU 时钟周期。可以使用两种 CPU 时钟周期。

① 绝对时钟周期：其周期值表示所要仿真中断的实际 CPU 时钟周期。

例如，14、26、58，分别表示在第 14、26、58 个 CPU 时钟周期处仿真中断，对时钟周期值没有操作，中断在所写的时钟周期处发生。

② 相对时钟周期：相对于上次事件的时钟周期。

例如，14+26 和 58。表示有 3 个时钟周期，即分别在 12、40（14+26）和 58 个 CPU 时钟周期处仿真中断。时钟周期前面的加号表示将其值加上前面总的时钟周期。在输入文件中可以混合使用绝对时钟周期和相对时钟周期。

- logic value　（逻辑值）只使用于 BIO 引脚。必须使用一个值去迫使信号在相应的时钟周期处置高位和置低位。

例如，[13、1]、[25、0]和[55、1]表示 BIO 在第 13 个时钟周期置高位，在第 25 时钟周期置低位，在第 55 时钟周期又置高位。

- rpt {n |EOS}是一个可选参数，代表一个循环修正。可以用两种循环形式来仿真中断：
① 固定次数的仿真可以将输入文件格式化为一个特定模式并重复一个固定次数。

例如，5（+10 +20）rpt 2。括号中的内容代表要循环的部分，这样在第 5 个 CPU 时钟周期仿真一个中断，然后在第 15（5+10）、35（15+20）、45（35+10）、65（45+15）个时钟周期处仿真一个中断。n 是一个正整数，表示重复循环的次数。
② 循环直到仿真结束为了将同样模式在整个仿真过程中循环，加上一个 EOS。

例如，5（+10+20）rpt EOS 表示在第 5 个 CPU 时钟周期仿真一个中断，然后在第 15（5+10）、35（15+20）、45（35+10）、65（45+15）个时钟周期处仿真一个中断，并将该模式持续到仿真结束。

2．软件仿真编程

建立输入文件后，就可以使用 CCS 提供的 Tools→ Pin connect 菜单来连接列表及将输入文件与中断脚断开。使用调试单击 Tools→ Command Window，系统出现图 5.29 所示窗口。

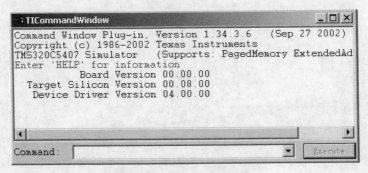

图 5.29 Command Window 窗口

在输入窗口的 Command 处根据需要选择输入如下命令。

- pinc 将输入文件和引脚相连。

命令格式：pinc 引脚名，文件名。

引脚名：确认引脚必须是 4 个仿真引脚（INT0～INT3）中的一个，或是 BIO 引脚。

文件名：输入文件名。

- pinl 验证输入文件是否连接到了正确的引脚上。

命令格式：pinl。

它首先显示所有没有连接的引脚，然后是已经连接的引脚。对于已经连接的引脚，在 Command 窗口，并显示引脚名和文件的绝对路径名。

- pind 结束中断，引脚脱开。

命令格式：pind 引脚名。

该命令将文件从引脚上脱开，则可以在该引脚上连接其他文件。

3．实例

Simulator 仿真 INT3 中断，当中断信号到来时，中断处理子程序完成将一变量存储到数据存储区中，中断信号产生 10 次。

● 编写中断产生文件。设置一个输入文件，列出中断发生间隔。在文件 zhongduan.txt 中写入 100（＋100）rpt 10 之后存盘，此文件与中断的 INT3 引脚连接后，系统就知道每隔 100 个时钟周期发生一次中断。

● 将输入文件 zhongduan.txt 连接到中断引脚。在 Command 行输入 pinc INT3，zhongduan.txt，将 INT3 脚与 zhongduan.txt 文件连接。

● 用汇编语言仿真中断。

① 编写中断向量表：对于要使用的中断引脚，应正确的配置中断入口和中断服务子程序。在源程序的中断向量表中写入：

```
    .mmregs
    ; 建立中断向量
    .sect "vectors"
    .space 93*16     ; 在中断向量表中预留一定空间，使程序能够正确转移。
    INT3 NOP         ; 外部中断 INT3
    NOP
    NOP
  GOTO NT3
    NOP
    .space 28*16     ; 68H～7FH 保留区
```

② 编写主程序。

在主程序中，要对中断有关的寄存器进行初始化。

```
***********zhongduansim***********
      .data
a0 .word  0,0,0,0,0,0,0,0
    .text
    .global  _main
_main:
    PMST = #01a0h  ; 初始化 PMST 寄存器
    SP=#27FFh      ; 初始化 SP 寄存器
    DP=#0
    IMR=#100       ; 初始化 IMR 寄存器
    AR1=#a0
    a=#9611h
    INTM=0     ; 开中断
wait           ; 等待中断信号
    NOP
    NOP
    GOTO wait
```

③ 编写中断服务程序。

```
NT3：
    NOP
    NOP
    (*AR1+)=a;
    NOP
    NOP
    return_enable
    .end
```

在命令窗口键入"reset"，然后装入编译和连接好的*.out 程序并运行。

5.3.2 用 Simulator 仿真 I/O 口

用 Simulator 仿真 I/O 口，可分如下 3 步实现：

- 定义存储器映射方法；
- 连接 I/O 口；
- 脱开 I/O 口。

实现这些步骤可以使用系统提供的 Tools→Port Connect 菜单来连接、脱开 I/O 口，也可以选择调试命令来实现。用调试命令单击 Tools→Command Window，系统将弹出对话框，然后在 Command 处根据需要选择输入的命令。

1. 定义存储器映射方法

定义存储器映射除了前面章节讲的方法以外，还可以在 Command Window 输入 ma 命令定义实际的目标存储区域，语法为：

`ma  address,page,length,type`

address：定义一个存储区域的起始地址，此参数可以是一个绝对地址、C 表达式、函数名或汇编语言标号。

Page：用来识别存储器类型，0 代表程序存储器，1 代表数据存储器，2 代表 I/O 空间。

Length：定义其长度，可以是任何 C 表达式。

Type：说明该存储器的读写类型。该类型必须是表 5.1 关键字中的一个。

表 5.1 存储器读写类型对应的关键字

存储器类型	type 类型
只读存储器	R 或 ROM
只写存储器	W 或 WOM
读写存储器	ROM 或 RAM
读写外部存储器	RAM/EX 或 R/M/EX
只读外部结构	P/R
读写外部结构	P/R/W

2. 连接 I/O 口

MC（Memory Connect）将 P|R，PW，P|R|W 连接到输入输出文件。允许将数据区的任何区域（除 00H～1FH）连接到输入输出文件来读写数据。语法为：

`mc portaddress,page,length,flename,fileaccess`

portaddress：I/O 空间或数据存储器地址。此参数可以是一个绝对地址、C 表达式、函数名或汇编语言标号。它必须是先前用 ma 命令定义，并有关键字 P/R（input port）或 P/R/W（input/output port）。为 I/O 口定义的地址范围长度可以是 0x1000 到 0x1FFF 字节，并且不必是 16 的倍数。

Page：用来识别此存储器区域的内容。Page＝1，表示该页属于数据存储器；Page=2，表示该页属于 I/O 空间。

Length：定义此空间的范围，此参数可以是任何 C 表达式。

Filename：可以为任何文件名。从连接口或存储器空间去读文件时，文件必须存在，否则 mc 命令会失败。

Fileaccess：识别 I/O 和数据存储器的访问特性，必须为表 5.2 所列关键字的一种。

表 5.2　　　　　　　　　　　存储器的读写类型对应的关键字

访问文件的类型	访问特性
输入口（I/O 空间）	P/R
输入 EOF，停止软仿真（I/O 口）	R/P/NR
输出口（I/O 空间）	P/W
内部只读存储器	R
外部只读存储器	EXIR
内部存储器输入 EOF，停止软仿真	R/NR
外部存储器输入 EOF，停止软仿真	EX/R/NR
只写内部存储器空间	W
只写外部存储器空间	EX/W

对于 I/O 存储器空间，当相关的口地址处有读写指令时，说明有文件访问。任何 I/O 口都可以同文件相连，一个文件可以同多个口相连，但一个口至多与一个输入文件和一个输出文件相连。

如果使用了参数 NR，软仿真读到 EOF 时会停止执行并在 Command 窗口显示相应信息：

`<addr>EOF reached — connected at port（I/O_PAGE）`

或

`<addr>EOF reached — connected at location（DATA_PAGE）`

此时可以用 mi 命令脱开连接，mc 命令添加新文件。如果未进行任何操作，输入文件会自动从头开始自动执行，直到读出 EOF。如果未定义 NR，则 EOF 被忽略，执行不会停止。输入文件自动重复操作，软件仿真器继续读文件。

设有两个数据存储器块：

```
ma   0x100 ,1,0x10,EX|RAM|   ;block1
ma   0x200,1,0x10,RAM        ;block2
```

可以使用 mc 命令将输入文件连接到 block1：

```
mc   0x100,1,0x1,my_input.dat,EX|R
```

可以使用 mc 命令将输出文件连接到 block2：

```
mc   0x205,1,0x1,my_output.dat,W
```

可以使用 mc 命令，使遇到输入文件的 EOF 时暂停仿真器：

```
mc   0x100,1,0x1,my_input.dat,EX|RNR 或
mc   0x100,1,0x1,my_input.dat,ERNR
```

举例：将输入口连接到输入文件。

假定 in.dat 文件中包含的数据是十六进制格式，且一个字写一行，则：

```
0A00
1000
2000
```

使用 ma 和 mc 命令来设置和连接输入口：

ma 0x50,2,0x1,R|P   ；将口地址 50H 设置为输入口

mc 0x50,2,0x1,in.dat,R   ；打开文件 in.dat，并将其连接到口 50H

假定下列指令是程序中的一部分，则可完成从文件 in.dat 中读取数据：

PORTR 0x50,data_mem   ；读取文件 in.dat，并将读取的值放入 data_mem 区域。

3. 脱开 I/O 口

使用 md 命令从存储器映射中消去一个口之前，必须使用 mi 命令脱开该口。mi（memory disconnect）将一个文件从一个 I/O 口脱开。其语法为：

```
mi portaddress, page, {R|W|EX}
```

命令中的口地址和页是指要关闭的口，read/write 特性必须与口连接时的参数一致。

4. 实例

（1）编写汇编语言源程序从文件中读数据

① 定义 I/O 口。

使用 ma 命令指定 I/O 口，在 Command 窗口输入：

ma 0x100,2,0x1,P|R   ；定义地址 0x100 为输入口

ma 0x102,2,0x1,P|W   ；定义地址 0x102 为输出口

ma 0x103,2,0x1,P|R|W   ；定义地址 0x103 为输入输出口

② 连接 I/O 口。

用 mc 命令将 I/O 口连接到输入输出文件。允许将数据区的任何区域（除 00H～1FH）连接到输入输出文件来读写数据。当连接读文件时应确保文件存在。

mc 0x100,2,0x1,ioread.txt,R

mc 0x102,2,0x1,iowrite.txt,W

为了验证 I/O 口是否被正确定义，文件是否被正确连接，在命令窗口使用 ml 命令，simulator 将列出 memory 的配置以及 I/O 口的配置和所连接的文件名。

③ 编写汇编语言源程序从文件中读数据。

(*ar1+)=port(0x100) ；将端口 0x100 所连接文件内容读到 ar1 寄存器指定的地址单元中。

port(0x102)=*ar1 ；将 ar1 寄存器所指地址的内容写到端口 0x102 连接的文件中。

（2）脱开 I/O 口

mi 0x100,2,R ；将 0x100 端口所连接的文件 ioread.txt 从 I/O 口脱开

mi 0x102,2,W ；将 0x102 端口所连接的文件 iowrite.txt 从 I/O 口脱开

必须将 I/O 口脱开，数据才能避免丢失。

5.4 DSP/BIOS 的功能

5.4.1 DSP/BIOS 简介

DSP/BIOS 是一个实时操作系统内核，主要应用在需要实时调度和同步的场合。此外，通过使用虚拟仪表，它还可以实现主机与目标机的信息交换。DSP/BIOS 提供了可抢占线程，

具备硬件抽象和实时分析等功能。

DSP/BIOS 由一组可拆卸的组件构成。应用时只需将必需的组建加到工程中即可。DSP/BIOS 配置工具允许通过屏蔽去掉不需要的 DSP/BIOS 特性来优化代码体积和执行速度。

在软件开发阶段，DSP/BIOS 为实时应用提供底层软件，从而简化实时应用的系统软件设计，节约开发时间。更为重要的是，DSP/BIOS 的数据获取（Data Capture）、统计（Statistics）和事件记录功能（Event Logging）在软件调试阶段与主机 CCS 内的分析工具 BIOScope 配合，可以完成对应用程序的实时探测（Probe）、跟踪（Trace）和监控（Monitor），与 RTDX 技术和 CCS 可视化工具相配合，除了可以直接实时显示原始数据（二维波信号或三维图像）外，还可以对原始数据进行处理，进行数据的实时 FFT 频谱分析、星座图和眼图处理等。

DSP/BIOS 包括如下工具和功能。

• DSP/BIOS 配置工具。程序开发者可以利用该工具建立和配置 DSP/BIOS 目标。该工具还可以用来配置存储器、线程优先级和中断处理函数等。

• DSP/BIOS 实时分析工具。该工具用来测试程序的实时性。

• DSP/BIOS API 函数。应用程序可以调用超过 150 个 DSP/BIOS API 函数。

5.4.2 一个简单的 DSP/BIOS 实例

本节通过一个简单的例子来介绍如何使用 DSP/BIOS 创建、生成、调试和测试程序。该实例就是常用的显示"hello world"程序。在这里没有使用标准 C 输出函数而是使用 DSP/BIOS 功能。利用 CCS2 的剖析特性可以比较标准输入函数和利用 DSP/BIOS 函数执行的性能。值得注意的是，开发 DSP/BIOS 应用程序不仅要有 Simulator（软件调试仿真），还需要使用 Emulator（硬件仿真）和 DSP/BIOS 插件（安装时装入）。

1. 创建一个配置文件

为使用 DSP/BIOS 的 API 函数，一个程序必须有一个配置文件用来定义程序所需的 DSP/BIOS 对象。

• 在 C:\ti\myprojects 目录下新建一个新文件夹 HelloBios。

• 将文件夹 C:\ti\tutorial\sim54xx\hello1 下的全部文件复制到新建立的文件夹 HelloBios 中。

• 运行 CCS，并打开 C:\ti\myprojects\HelloBios 下的 hello.pjt。

• CCS 会弹出图 5.30 所示的对话框，提示没有找到库文件，这是因为工程被移动了。单击 Browse 按钮，在 C:\ti\c5400\cgtools\lib 找到 rts.lib 库文件。

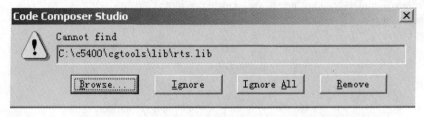

图 5.30 提示没找到库文件

• 单击 hello.pjt、Libraries 和 Source 旁边的"+"号，展开工程视图。

- 双击 hello.c 程序，将其打开，可以看出本程序通过 puts("hello world!\n")函数输出 hello world!。

- 编译、下载和运行程序，输出"hello world!"。下面修改程序，使用 DSP/BIOS 输出 "hello world!"。

```c
#include <stdio.h>
#include "hello.h"
#define BUFSIZE 30
struct PARMS str =
{
    2934,
    9432,
    213,
    9432,
    &str
};
/*
 *  ======== main ========
 */
void main()
{
#ifdef FILEIO
    int     i;
    char    scanStr[BUFSIZE];
    char    fileStr[BUFSIZE];
    size_t  readSize;
    FILE    *fptr;
#endif
    /* write a string to stdout */
    puts("hello world!\n");
#ifdef FILEIO
    /* clear char arrays */
    for (i = 0; i < BUFSIZE; i++) {
        scanStr[i] = 0          /* deliberate syntax error */
        fileStr[i] = 0;
    }
    /* read a string from stdin */
    scanf("%s", scanStr);
    /* open a file on the host and write char array */
    fptr = fopen("file.txt", "w");
    fprintf(fptr, "%s", scanStr);
    fclose(fptr);
    /* open a file on the host and read char array */
    fptr = fopen("file.txt", "r");
    fseek(fptr, 0L, SEEK_SET);
    readSize = fread(fileStr, sizeof(char), BUFSIZE, fptr);
    printf("Read a %d byte char array: %s \n", readSize, fileStr);
    fclose(fptr);
#endif
}
```

- 执行菜单命令 File→New→DSP/BIOS Configuration。

- 选择与自己的 DSP 仿真器相对应的模板并单击"OK"按钮确认。此时将弹出一个新窗口。窗口左半部分为 DSP/BIOS 模块及对象名，右半部分为模块和对象的属性。

• 右键单击 LOG-Event Log Manager，在弹出菜单中选择 Insert Log，此时创建一个被成为 LOG0 的 LOG 对象。

• 右键单击 LOG0 对象，在弹出菜单中选择 Rename，对象更名为 trace。

• 将配置文件存为 myhello.cbd，存盘到 C:\ti\myprojects\HelloBios 中，此时将产生以下文件。

① myhello.cdb：配置文件，保存配置设置。

② myhellocfg.cmd：链接命令文件。

③ myhellocfg.s54：汇编语言源文件。

④ myhellocfg.h54：myhellocfg.s54 包含的头文件。

⑤ myhellocfg.h：DSP/BIOS 模块头文件。

⑥ myhellocfg_c.c：CSL 结构体和设置代码。

2. 将 DSP/BIOS 添加到工程中

下面将刚才存盘时生成的文件添加到工程文件中。

• 执行菜单命令 Project Add Files to Project，将 myhello.cbd 加入，此时工程视图中将添加一个名为 DSP/BIOS Config 的目录，myhello.cbd 被列在该目录下。

• 链接输出的文件名必须与.cdb 文件名一样，在 Project→ Build Options 的 Linker 栏中将输出文件名修改为 myhello.out。

• 执行菜单命令 Project→Add Files to Project，将 myhellocfg.cmd 加入 CCS 中。由于工程中只能有一个链接命令文件，因此产生图 5.31 所示的警告信息。

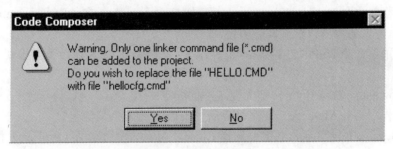

图 5.31 链接命令文件警示

• 单击"Yes"按钮，用 myhellocfg.cmd 替换原来的 hello.cmd 命令文件。

• 在 Project 视图中移去 Vector.asm，这是因为硬件中断矢量已在 DSP/BIOS 配置中自动定义。

• 移去 rts.lib 文件，因为此运行支持库也已在 myhellocfg.cmd 中指定，链接时将自动加入。

• 将 hello.c 文件内容修改为以下代码。LOG_printf 和 put 函数占用相同的资源。

```
#include <std.h>
#include <log.h>
#include "hellocfg.h"
/*
 *  ======== main ========
 */
```

```
Void main()
{
    LOG_printf(&trace, "hello world!");
    /* fall into DSP/BIOS idle loop */
    return;
}
```

在以上程序代码中可以看出以下内容。

① 程序首先包含了 std.h 和 log.h 两个头文件。所有使用 DSP/BIOS API 的程序必须包含 std.h 头文件。此外还应包括该模块使用的头文件，本例中的 LOG 模块头文件为 log.h。在 log.h 中定义了 LOG_Obj 结构，并在 LOG 模块中声明 API 操作。在头文件中，std.h 必须放在其他文件前面，其余模块的先后次序则并不重要。

② 程序中使用关键字 extern，声明在配置文件中创建的 LOG 对象。

③ 主函数调用 LOG_pritf 函数并将 LOG 对象&trace 和 hello world 信息作为参数传给主函数。

④ 主函数返回，程序将进入 DSP/BIOS 等待循环状态，等待软件和硬件中断发生。

• 保存 hello.c。

• 执行菜单命令 Project→Build Option，直接将 Compiler 栏的命令行参数-d FILEIO 删除。

• 重新编译程序。

3. 用 CCS 测试

由于程序只有一行，因此没有必要分析程序。下面对程序进行测试。

• 执行菜单命令 File→Load Program，加载 myhello.out。

• 执行菜单命令 Debug→Go main，编辑窗口显示 hello.c 文件内容且 main 函数的第一行被高亮显示，表明程序执行到此后暂停。

• 执行菜单命令 DSP/BIOS→Message Log，此时将在 CCS 窗口下方出现 Message Log 区域。

• 在 Log Name 栏选择 trace 作为要观察的 LOG 名。

• 运行程序将在 Message Log 区域出现"hello world！"信息。

• 在 Message Log 区域按右键并选择 Close，为下面使用剖切（Profiler）做准备。

4. 分析 DSP/BIOS 代码执行时间

下面使用剖切（Profiler）获得 LOG _printf 的执行时间。

• 执行菜单命令 File→Reload Program，重新加载程序。

• 执行菜单命令 Profiler →Enable Clock，使能时钟。

• 双击 hello.c，查看源代码。

• 执行菜单命令 ViewMax Source/ASM ，同时显示 C 及相应汇编代码。

• 将光标放在 LOG_printf(&trace, "hello world!"); 行。

• 在 Project 工具栏上的 Toggle Profile Point 图标，设置剖切点。

• 将光标移至程序最后一行花括号处，并设置第二个剖切点。虽然 return 是程序的最后一条语句，但不能将剖切点放在此行，因为此行不包含等效汇编代码。如果将剖切点放在此行，则 CCS 运行时自动纠正此错误。

• 执行菜单命令 Profiler→Start New Session，弹出 Profile Session Name 窗口，取默认名，

点击 "OK" 按钮，出现 Profile Statistics 窗口。

- 运行程序。
- 可以看到第二个剖切点的指令周期约为 58，即为执行 LOG_printf 的时间。调用 LOG_printf 比调用 C 中的 puts 函数更为有效，这是因为字符格式串格式是在主机上而不是像 puts 函数那样在目标 DSP 上处理。使用 LOG_printf 函数监视系统状态对程序的实时运行影响比使用 puts 函数小得多。
- 停止程序运行。
- 执行以下操作以释放被 Profile 任务占用的资源。
① 执行菜单命令 Profiler→Enable Clock，禁止时钟。
② 关闭 Profile Statistics 窗口。
③ 执行菜单命令 Profiler→profile points 删除所有剖切点。
④ 执行菜单命令 View→Mixed Source/ASM，取消 C 与汇编的混合显示。
⑤ 关闭所有源文件和配置窗口。
⑥ 执行菜单命令 Project→Close，关闭工程。

注意　　必须将 I/O 口脱开，数据才避免丢失。

为了掌握关于使用 CCS 的更多的技巧，可参见有关 CCS 的在线帮助或 CCS 用户指南（PDF 格式）。为了进一步学习 CCS 的安装及相关实例可参考与本书配套的《DSP 技术与应用实验指导》。

思 考 题

1. 简述 CCS 软件配置步骤。
2. CCS 提供了哪些菜单和工具条？
3. 编写一个能显示 "This is my program!" 的 DSP 程序。
4. 编写程序用 CCS 仿真 INT2 中断。
5. 用 DSP/BIOS 的 LOG 对象方法实现 "This is my program!" 的输出。

DSP 控制器是针对工业控制而开发的一款高性能单片机。在工业生产现场中，无论是各种不同类型的机床及生产线，还是其他的生产设备，都离不开电动机作为动力部件，因此电动机的调速控制是工业控制系统中非常重要的一个内容。电动机的调速控制最典型的是交流异步电动机的调速控制。目前，从数百瓦级的家用电器直到数千千瓦级的调速传动装置，大部分都采用交流异步电动机调速传动方式来实现。交流调速传动控制得到如此迅速发展，主要是电力电子器件的制造技术、基于电力电子电路的电力变换技术、PWM 技术以及以单片机为基础的全数字化控制技术等关键技术得到突破性进展。

DSP 控制器由于内嵌 PWM 电路、A/D 转换电路以及其他相关电路，可以很容易实现交流异步电动机的全数字化控制系统。频谱分析是信号处理的一个重要内容，快速傅里叶变换（FFT）是其有效的分析工具。快速傅里叶变换从算法上比普通的离散傅里叶变换（DFT）要快许多倍，但是要做到实时分析，其运算量普通单片机还是难以承受。DSP 控制器能在一个指令周期内完成一次乘法和一次加法，而且提供专用于 FFT 的反序寻址方式，从而容易地实现实时的 FFT 分析运算。

6.1　基于空间矢量的通用变频器

变频器分为交—交和交—直—交两种形式。交—交变频器可将工频交流直接变换成频率、电压均可控制的交流；而交—直—交变频器则是先把工频交流通过整流器变成立流，然后再把直流变换成频率、电压均可控制的交流。通用变频器采用交—直—交这种形式，图 6.1 所示是一个典型的通用变频器电路，其中整流器、电容和逆变桥为主回路，检测、保护与 DSP 控制器等构成控制回路。

整流器的作用是将三相（或单相）交流电整流成直流电。电容是储能元件，用以缓冲负载的无功功率。由于电容的作用，直流侧的电压将比较平稳。逆变桥的作用是通过 6 个开关器件有规律地通断，将直流电变成频率和电压均可调的交流电。电压、电流的检测是为过电压、欠电压、过电流、短路保护服务。

设直流侧的电动势为 E，现要求逆变桥的输出电压 V_a、V_b、V_c。

$$V_a = V_m \sin \omega t$$

$$V_b = V_m \sin(\omega t + 120°) \tag{6.1}$$

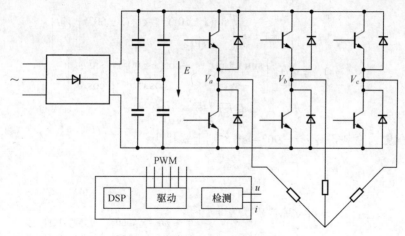

图 6.1 一个典型的通用变频器电路

$$V_c = V_m \sin(\omega t - 120°)$$

其中 V_m、ω 可调。问 6 个开关器件应以什么样的规律来通断,才可使得逆变桥输出电压满足上式的要求。

这个问题是通用变频器的关键问题。解决这个问题有许多种方法,如三角波调制的 PWM 方法、空间矢量方法等。空间矢量方法较 PWM 方法能提高电压的利用率,减少谐波的影响,近几年在通用变频器中得到广泛应用。由于 DSP 控制器内嵌空间矢量状态机,因而可很容易地以空间矢量方法来通断 6 个开关器件,使得逆变桥输出电压满足前面的要求。下面给出详细的推导。

参见 3.1.2 节中空间矢量状态机的有关内容,将逆变桥三相输出电压转化为二相坐标系的 V_α 和 V_β,即

$$\begin{bmatrix} V_\alpha \\ V_\beta \end{bmatrix} = \sqrt{2/3} \begin{bmatrix} 1 & -1/2 & -1/2 \\ 0 & \sqrt{3/2} & -\sqrt{3/2} \end{bmatrix} \begin{bmatrix} V_a \\ V_b \\ V_c \end{bmatrix}$$

$$= \sqrt{2/3} \begin{bmatrix} 1 & -1/2 & -1/2 \\ 0 & \sqrt{3/2} & -\sqrt{3/2} \end{bmatrix} \begin{bmatrix} V_m \sin \omega t \\ V_m \sin(\omega t + 120°) \\ V_m \sin(\omega t - 120°) \end{bmatrix} \qquad (6.2)$$

$$= \sqrt{2/3} \begin{bmatrix} V_m \sin \omega t \\ V_m \cos \omega t \end{bmatrix}$$

从图 3.17 和表 3.10 知,每个有效的空间矢量 U_x 在二相坐标系的 $U_{x\alpha}$ 和 $U_{x\beta}$ 分别为:

$$U_{x\alpha} = \sqrt{2/3}E \cos x \qquad U_{x\beta} = \sqrt{2/3}E \sin x \qquad (6.3)$$

并且,任意时刻的 V_α 和 V_β 可以由 U_x 和 $U_{x\pm60}$ 来合成,即

$$V_\alpha = k_x U_{x\alpha} + k_{x\pm60} U_{(x+60)\alpha} = k_x \sqrt{2/3}E \cos x + k_{x\pm60} \sqrt{2/3}E \cos(x \pm 60°)$$

$$V_\beta = k_x U_{x\beta} + k_{x\pm60} U_{(x+60)\beta} = k_x \sqrt{2/3}E \sin x + k_{x\pm60} \sqrt{2/3}E \sin(x \pm 60°)$$

$$\qquad (6.4)$$

设 $V_m = k_v E$,并考虑式 6.3,则有

$$\begin{bmatrix} k_x \\ k_{x\pm60} \end{bmatrix} = \pm\sqrt{2}/E \begin{bmatrix} \sin(x\pm60°) & -\cos(x\pm60°) \\ -\sin x & \cos x \end{bmatrix} \begin{bmatrix} V_\alpha \\ V_\beta \end{bmatrix}$$

$$= \pm\sqrt{3}k_v \begin{bmatrix} \sin(x\pm60°) & -\cos(x\pm60°) \\ -\sin x & \cos x \end{bmatrix} \begin{bmatrix} \sin\omega t \\ \cos\omega t \end{bmatrix}$$

$$= \pm\sqrt{3}k_v \begin{bmatrix} -\cos(\omega t+x\pm60°) \\ \cos(\omega+x) \end{bmatrix} \qquad (6.5)$$

为了编程更为直观，令 $\omega\tau = 90° - \omega\tau$，则上式化为：

$$\begin{bmatrix} k_x \\ k_{x\pm60} \end{bmatrix} = \pm\sqrt{3}k_v \begin{bmatrix} \sin(x\pm60°-\omega\tau) \\ \sin(\omega\tau-x) \end{bmatrix}$$

$$= \begin{cases} \sqrt{3}k_v \begin{bmatrix} \sin(x\pm60°-\omega\tau) \\ \sin(\omega\tau-x) \end{bmatrix} & 0°\leqslant\omega\tau-x\leqslant60° \quad \text{如果是逆时针转} \\ \sqrt{3}k_v \begin{bmatrix} \sin(\omega\tau-(x-60°)) \\ \sin(x-\omega\tau) \end{bmatrix} & 0°\leqslant x-\omega\tau\leqslant60° \quad \text{如果是顺时针转} \end{cases} \qquad (6.6)$$

从式 3.8 知，用 DSP 控制器的空间矢量状态机来实现变频的要求，需要求在一个调剂周期 T_p 内两个有效空间矢量 U_x、$U_{x\pm60}$ 的持续时间 T_x、T_{x+60}。根据前面的推导不难得知，这两个时间为：

$$\begin{bmatrix} T_x \\ T_{x\pm60} \end{bmatrix} = T_p \begin{bmatrix} k_x \\ k_{x\pm60} \end{bmatrix} \qquad (6.7)$$

式 6.6 和式 6.7 是空间矢量状态机实现变频的关键公式。可以看出，改变 kv 可以调节电压；改变 ω 可以调节频率；并且只要预先建好正弦表就可容易地编程实现。

下面给出空间矢量状态机的初始化和中断服务流程。初始化流程设置比较控制寄存器 COMCON、全比较动作控制寄存器 ACTR、死区控制寄存器 DBTCON、通用定时器 1 的控制寄存器 T1CON，并根据调制周期（频率）T_p 设置通用定时器 1 的定时周期寄存器 TIPR。中断服务流程根据空间矢量的旋转方向（SVDir）、给定的频率（ω）和电压（k_v），计算出 T_x 和 T_{x+60} 的值并设置到全比较寄存器 CMPR1 和 CMPR2，为下个调制周期准备。图 6.2 和图 6.3 所示分别是初始化和中断服务流程。

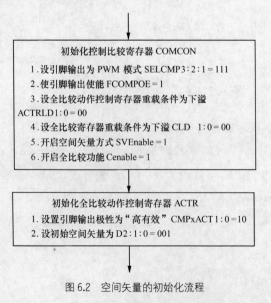

图 6.2　空间矢量的初始化流程

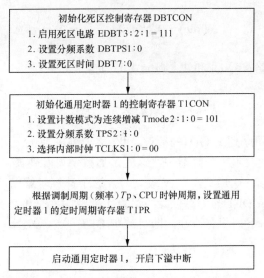

图 6.2　空间矢量的初始化流程（续）

6.2　快速傅里叶变换（FFT）

傅里叶变换是一种将时域信号变换为频域信号的变换形式。在频域分析中，信号的频率及对应的幅值、相位（统称为频谱）是信号分析的重要内容，它反映了系统性能的好坏。下面先简要介绍快速傅里叶变换的基本原理，然后介绍如何在 DSP 控制器中实现快速傅里叶变换。

6.2.1　快速傅里叶变换的基本原理

非周期连续时间信号 x（t）的傅里叶变换可以表示为

$$X(\omega) = \int_{-\infty}^{\infty} x(t)\mathrm{e}^{-\mathrm{j}\omega t}\mathrm{d}t \qquad (6.8)$$

由上式计算出来的是信号 x（t）的连续频谱。但是，在实际的系统中我们能得到的是信号 $x(t)$ 的离散采样值 x（nt）（T 是采样周期）。因此以离散信号 x（nT）来计算其频谱具有实际意义。为不失一般性，设经采样得到了 N 点采样值 {$x(nT)$，$n=0$，1，…，$N-1$}，那么，其频谱取样的谱间距是

$$\omega_0 = \frac{2\pi}{NT}$$

这样一来可推得式 6.8 的离散形式为

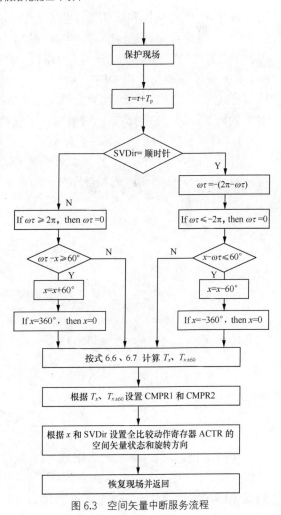

图 6.3　空间矢量中断服务流程

$$X(k\omega_0) = \sum_{n=0}^{N-1} x(nT)e^{-jk\omega_0 nT} = \sum_{n=0}^{N-1} x(nT)e^{-j\frac{2\pi}{N}kn} \tag{6.9}$$

令 $W_N = e^{-j\frac{2\pi}{N}}$，并省略符号 ω_0 和 T，则上式可写为

$$X(k) = \sum_{n=3}^{N-1} x(n)W_N^{kn} \qquad k=1, 2, \cdots, N-1 \tag{6.10}$$

式中，$X(k)$ 是时间序列 $x(n)$ 的频谱，W_N 称为蝶形因子。对于 N 点时域采样值，经过式 6.10 的计算，就可得到 N 个频谱条，这就是离散傅里叶变换（DFT）。可以看出，DFT 需要计算约 N^2 次乘法和 N^2 次加法，在 N 较大时，这个计算量难以承受。

可从哪些方面能改进 DFT 的运算以减少运算工作量呢？仔细考察 DFT 的运算就会看到，充分利用蝶形因子 W_N 的下列固有特性，即可改善 DFT 的运算效率。

W_N 的对称性：$W_N^{k(N-n)} = W_N^{-kn} = (W_N^{kn})^*$

W_N 的周期性：$W_N^{kn} = W_N^{k(N+n)} = W_N^{(k+N)^n}$

利用 W_N 的对称性和周期性，将 N 点的 DFT 分解为两个 $N/2$ 点的 DFT，这样两个 $N/2$ 点的 DFT 总的计算量只是原来的一半（$(N/2)^2 + (N/2)^2 = N^2/2$）。这样的分解可以继续下去，将 $N/2$ 点的 DFT 再分解为 $N/4$ 点的 DFT，等等。最小的分解点数称为基数（Radix），基 2 的 FFT 就是最小变换为 2 点 DFT。对于 $N=2^m$ 点的 DFT 都可以基 2 的 FFT 来实现，这样的计算量可减为 $(N/2)\log_2^N$ 个加乘运算，这比 DFT 的计算量大大地减少。要注意的是 FFT 不是 DFT 的近似计算，它们是完全等效的。下面给出两种 FFT 的实现方式。

1. 时间抽取（DIT）的 FFT 算法

为了讨论方便，设 $N=2^m$。如果不满足这个条件，可以人为地加上若干零值点来达到。将时间序列 $x(n)$ 分为偶序列和奇序列，由式 6.10 可得

$$X(k) = \sum_{n=0}^{N-1} x(n)W_N^{kn}$$

$$= \sum_{r=0}^{N/2-1} x(2r)W_N^{2rk} + \sum_{r=0}^{N/2-1} x(2r+1)W_N^{(2r+1)k} \tag{6.11}$$

$$= \sum_{r=0}^{N/2-1} x(2r)(W_N^2)^{rk} + W_N^k \sum_{r=0}^{N/2-1} x(2r+1)(W_N^2)^{rk}$$

由于 $W_N^2 = e^{-j\frac{2\pi}{N} \times 2} = e^{-j\frac{2\pi}{N/2}} = W_{N/2}$，所以

$$X_0(k) = \sum_{r=0}^{N/2-1} x(2r)W_{N/2}^{rk} \qquad k=0,1,\cdots, N/2-1 \tag{6.12a}$$

$$X_1(k) = \sum_{r=0}^{N/2-1} x(2r+1)W_{N/2}^{rk} \qquad k=0,1,\cdots, N/2-1 \tag{6.12b}$$

可以看出，$W_{N/2}^{rk} = W_{N/2}^{r(N/2+k)}$ 和 $X_1(k)$ 正好是 $x(n)$ 的偶序列和奇序列的 DFT。并且考虑到蝶形因子的周期性，即 $W_{N/2}^{rk} = W_{N/2}^{r(N/2+k)}$，所以又有

$$X_1(N/2+K) = \sum_{r=0}^{N/2-1} x(2r) W_{N/2}^{r(N/2+k)} = \sum_{r=0}^{N/2-1} x(2r) W_{N/2}^{rk} = X_0(k)$$

同理，$X_1(N/2+k) = X_1(k)$。综上可得 $X(k)$ 的前半部分为

$$X(k) = X_0(k) + W_N^k X_1(k) \qquad k=0,1,\cdots, N/2-1 \qquad (6.13a)$$

后半部分为

$$X(N/2+k) = X_0(k) + W_N^{N/2+k} X_1(k)$$

$$= X_0(k) - W_N^k X_1(k) \qquad k=0,1,\cdots, N/2-1 \qquad (6.13b)$$

式 6.13a 的运算可用流图来表示，如图 6.4 所示，由于形状类似蝴蝶，故称为蝶形运算。

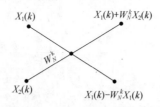

图 6.4 DIT 的蝶形运算

从前面的推导得知，如果先计算出 $N/2$ 个点的 $X_0(k)$ 和 $X_1(k)$，就能由式 6.13 组合出 $X(k)$。按照这个原理，可继续将 $N/2$ 的子序列再按偶序列和奇序列分解为两个 $N/4$ 点的子序列。持续这样的分解，最后可以得到 2 点的 DFT。也就是一个 $N=2^m$ 点的 DFT，可以进行 $m-1$ 级的分解，到最后一级就是基 2 点的 DFT。计算时，先进行最后一级的基 2 的 DFT 运算；然后逐级后退，以式 6.13 组合出前级的 DFT，最后得到所要求的 $X(k)$。下面以 $N=2^3$ 为例说明整个运算的过程。

先将时间序列 $x(n)$ 进行分解排序，其下标的排序规律如表 6.1 所示。排序后得到的序列 $\overline{x}(i)$ 的下标与原始序列 $x(n)$ 的下标以二进制表示时正好反序。

表 **6.1** FFT 算法中下标分解排序表

原始 $x(n)$		第一次分解	第二次分解 $\overline{x}(i)$	
000	0	0	0	000
001	1	2	4	100
010	2	4	2	010
011	3	6	6	110
100	4	1	1	001
101	5	3	5	101
110	6	5	3	011
111	7	7	7	111

从式 6.13 可得第一次分解的结果：

$$X(k) \Rightarrow \begin{cases} X_0(k) + W_{2^l}^k X_1(k) \\ X_0(k) - W_{2^l}^k X_1(k) \end{cases} \quad l=m=3, \ k=0, \ 1, \ \cdots, \ 2^{l-1}-1 \qquad (6.14)$$

同样的道理可得第二次分解的结果:

$$X_0(k) \Rightarrow \begin{cases} X_{00}(k) + W_{2^l}^k X_{01}(k) \\ X_{00}(k) - W_{2^l}^k X_{01}(k) \end{cases} \quad l=m-1=2, \quad k=0, 1, \cdots, 2^{l-1}-1 \tag{6.15a}$$

$$X_1(k) \Rightarrow \begin{cases} X_{10}(k) + W_{2^l}^k X_{11}(k) \\ X_{10}(k) - W_{2^l}^k X_{11}(k) \end{cases} \quad l=m-1=2, \quad k=0, 1, \cdots, 2^{l-1}-1 \tag{6.15b}$$

此时 $X_{00}(k)$、$X_{01}(k)$、$X_{10}(k)$ 和 $X_{11}(k)$ 是基 2 的 DFT,即

$$X_{00}(k) = \sum_{i=0}^{1} \overline{x}(i+0)W_{2^l}^{ik} \Rightarrow \begin{cases} \overline{x}(0) + W_{2^l}^k \overline{x}(1) \\ \overline{x}(0) - W_{2^l}^k \overline{x}(1) \end{cases} \quad l=m-2=1, \quad k=0 \tag{6.16a}$$

$$X_{01}(k) = \sum_{i=0}^{1} \overline{x}(i+2)W_{2^l}^{ik} \Rightarrow \begin{cases} \overline{x}(2) + W_{2^l}^k \overline{x}(3) \\ \overline{x}(2) - W_{2^l}^k \overline{x}(3) \end{cases} \quad l=m-2=1, \quad k=0 \tag{6.16b}$$

$$X_{10}(k) = \sum_{i=0}^{1} \overline{x}(i+4)W_{2^l}^{ik} \Rightarrow \begin{cases} \overline{x}(4) + W_{2^l}^k \overline{x}(5) \\ \overline{x}(4) - W_{2^l}^k \overline{x}(5) \end{cases} \quad l=m-2=1, \quad k=0 \tag{6.16c}$$

$$X_{11}(k) = \sum_{i=0}^{1} \overline{x}(i+6)W_{2^l}^{ik} \Rightarrow \begin{cases} \overline{x}(6) + W_{2^l}^k \overline{x}(7) \\ \overline{x}(6) - W_{2^l}^k \overline{x}(7) \end{cases} \quad l=m-2=1, \quad k=0 \tag{6.16d}$$

综上所述,对于按时间抽取的 FFT 的计算过程如下。

- 按照下标反序的规则,将原始时间序列 $x(n)$ 重新排序为 $\overline{x}(i)$。
- 按照式 6.16 计算最后一级 2 点 DFT。
- 按照式 6.15 及式 6.14,逐级后退直到组合出 $X(k)$。

这个过程也可用图 6.5 的流程图来表示。

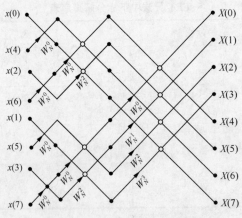

图 6.5　8 点 DIT 的 FFT 蝶形运算

2. 按频率抽取（DIF）的 FFT 算法

与按时间抽取的 FFT 算法相对应,还存在另一种称为按频率抽取的算法。这个算法不是

将时间序列 $x(n)$ 分解，而是将代表频域的输出序列 $X(k)$（也有 N 个点）按其顺序是属于偶数还是奇数分解为越来越短的序列。

先将式 6.10 分为前后两半，即

$$X(k) = \sum_{n=0}^{N/2-1} x(n)W_N^{nk} + \sum_{n=N/2}^{N-1} x(n)W_N^{nk}$$

$$= \sum_{n=0}^{N/2-1} x(n)W_N^{nk} + \sum_{n=0}^{N/2-1} x(n+N/2)W_N^{(n+N/2)k}$$

$$= \sum_{n=0}^{N/2-1} [x(n) + x(n+N/2)W_N^{kN/2}]W_N^{nk}$$

$$= \sum_{n=0}^{N/2-1} [x(n) + (-1)^k x(n+N/2)]W_N^{nk} \qquad k=0,1,\cdots,N-1 \qquad (6.17)$$

将上式按 k 是偶数还是奇数分解得到：

$$X(2r) = \sum_{n=0}^{N/2-1} [x(n) + x(n+N/2)]W_N^{2rn}$$

$$= \sum_{n=0}^{N/2-1} [x(n) + x(n+N/2)]W_{N/2}^{nr} \qquad r=0,1,\cdots,N/2-1 \qquad (6.18a)$$

$$X(2r+1) = \sum_{n=0}^{N/2-1} [x(n) - x(n+N/2)]W_N^{(2r+1)n}$$

$$= \sum_{n=0}^{N/2-1} [x(n) - x(n+N/2)]W_N^n W_{N/2}^{rn} \quad r=0,1,\cdots,N/2-1 \qquad (6.18b)$$

式 6.18 的运算可以用图 6.6 的蝶形运算流图来表示。

与按时间抽取的算法类似，上面按频率奇偶的分解可以持续下去直到求 2 点 DFT 为止。按频率抽取算法的计算量与按时间抽取的是一样的。从流图来看，它们是互为转置的。关于按频率抽取算法的详细计算过程，这里不再详述，有兴趣的读者可参考有关信号处理方面的资料。

6.2.2　快速傅里叶变换的 DSP 实现

FFT 较 DFT 的计算量减少了非常多，但 FFT 要做到多点（N 较大）、实时的运算，对于普通单片机来说，还不是一件容易的事。一方面，FFT 需要

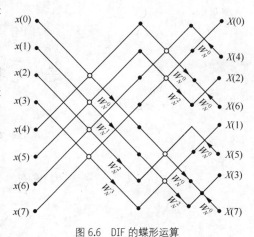

图 6.6　DIF 的蝶形运算

对原始序列进行反序排列；另一方面，由于 $X(k)$ 是复数，蝶形运算是复数运算，需要多次地查表相乘运算才能实现。因此，为了实现实时的 FFT，需要单片机的指令系统有着丰富的间接寻址方式，并且最好能在一个指令用期内完成乘和累加的工作。DSP 控制器具备这样的条件。从第 4 章知，DSP 控制器特有的反序间接寻址，就是专为 FFT 算法而设计的，其他的间接寻址方式还可以实现增/减 1 或增/减一个变址量，这为各种查表方法的实现提供了方便。另外，DSP 控制器能在一个指令周期内完成乘和累加的工作。因此，以 DSP 控制器来实现FFT 算法较普通单片机要容易许多。下面讨论它的具体实现方法。

仔细分析式 6.14、式 6.15 和式 6.16 可以得知，$N=2^m$ 点 FFT 的运算是非常有规律的，可以通过下面 3 个循环来完成。

> For l=1 To m
> > For k=0 To $2^{l-1}-1$
> > > For i=k To 2^m-1 Step 2^l
> > > > $j=i+2^{l-1}$

$$\overline{x}(i) \Leftarrow \overline{x}(i) + W_{2^l}^k \overline{x}(j) \qquad\qquad (6.19a)$$

$$\overline{x}(i) \Leftarrow \overline{x}(i) - W_{2^l}^k \overline{x}(j) \qquad\qquad (6.19b)$$

> > > Next i
> > Next k
> Next l

前面是借用 Basic 语言的符号来说明 FFT 运算的规律，在用高级语言实现时，要注意式 6.19 需通过中间变量进行缓存，并且 $\overline{x}(i)$、$\overline{x}(j)$ 和 $W_{2^l}^k$ 是复数形式。在第一次循环时式 6.19 中 $\overline{x}(i)$ 的值是原始序列 $x(n)$ 经反序排列后的数据，经过三重循环后最后放在 $\overline{x}(i)$ 中的数正好对应 $x(k)$ 的值。

考虑到式 6.19 是复数运算，令

$$\overline{x}(i) = \overline{R}_i + j\overline{I}_i \qquad\qquad \overline{x}(j) = \overline{R}_j + j\overline{I}_j \qquad\qquad (6.20)$$

$$W_{2^l}^k = \cos\alpha_{lk} - j\sin\alpha_{lk} \qquad\qquad (6.21a)$$

$$\alpha_{lk} = \frac{2\pi}{2^l}k = \frac{2\pi}{N}2^{m-1}k \qquad l=1,2,\cdots,m; k=0,1,\cdots,2^{l-1}-1 \qquad (6.21b)$$

则式 6.19 可化为

$$R_j = \overline{R}_j \cos\alpha_{lk} + \overline{I}_j \sin\alpha_{lk} \qquad\qquad R_i = \overline{R}_i \qquad\qquad (6.22a)$$

$$I_j = \overline{R}_j \sin\alpha_{lk} - \overline{I}_j \cos\alpha_{lk} \qquad\qquad I_i = \overline{I}_i \qquad\qquad (6.22b)$$

$$\overline{x}(i) \Leftarrow (R_i + R_j) + j(I_i - I_j) \qquad\qquad (6.22c)$$

$$\overline{x}(j) \Leftarrow (R_i - R_j) + j(I_i + I_j) \qquad\qquad (6.22d)$$

为了用 DSP 控制器来实现上述过程，还需考虑数据的大小以免发生溢出。为不失一般性，设原始时间序列 $x(n)$ 已进行归一化，即为 Q_{15} 的格式（最高位为符号，其余位是小数）。不难推知，式 6.19 或式 6.22 可能的最大值为

$$1+\sin 45° + \cos 45° = 1+\sqrt{2} = 2.4142$$

这将超出 Q_{15} 的格式范围。考虑到在大多数情况下是实数 FFT，这个最大值不超过 2。因此，可在每一级用因子 2 进行归一化。运用 DSP 控制器指令系统的移位特性，用 2 归一化

不增加任何运算量。这样，对于 $N=2^m$ 点 FFT 的运算，若每级用 2 归一化，则最后的输出相当于除以 $N=2^m$。

值得一提的是，为了避免溢出而对每一级都进行归一化会降低运算的精度。因此，只对可能产生溢出的进行归一化处理是上策。

式 6.22 的运算涉及正弦函数与余弦函数，因此在编程前需要预制正弦和余弦表。为了容易实现查表并节省存储容量，在式 6.21b 中令 $l=m$，并按如下规律存放这个表：

$$\text{For } k = 0 \text{ To } 2^{m-1}-1$$

$$\cos(\frac{2\pi}{N}k); \sin(\frac{2\pi}{N}k)$$

Next k

不难验证，当 $l<m$ 时也可以从上面这个表中找到所需要的正弦和余弦值。

另外，仔细分析式 6.19 的循环知道，第一层的循环次数为 m；第二层循环的次数依次为 2^{l-1}（$l=1$，2，$\cdots$，m）；第三层循环的次数依次为 2^{m-1}（$l=1$，2，$\cdots$，m）。为了说明 DSP 控制器实现 FFT 的优越性，下面以具体的指令程序代码来说明它的实现过程。

```
        SETC OVM      ；设置溢出方式为 1，溢出时以最大值填入
        SETC SXM      ；进行符号扩展
        SPMl          ；乘积结果左移 1 位，自动将两个 Q15 相乘后化为 Q15
        LAR AR0，N    ；N 为点数
        LAR AR1，IN_DATA   ；IN-DATA 为输入的原始序列的首地址，连续存放
        LAR AR2，OUT_DATA  ；OUT-DATA 为输出的频域序列的首地址，按实部、虚
部存放


        LACL N        ；
        SUB 1         ；
        SACL N        ；N=N-1
        LAR AR3,N     ；
        MAR *,AR1     ；当前 AR=AR1


                      ；下面将原始序列反序排列到 OUT-DATA 的实部处
LD_Re: LACL *+，0，AR2    ；ACC←(AR1)，AR1+1，下个 AR 是 AR2
        SACL *BR0+,0,AR3   ；(AR2)←(ACC),AR2 反序加 AR0，下个 AR 是 AR3
        BANZ LD_Re，*-，AR1 ；(AR3)< >0 转 LD-Re，AR3-1，下个 AR 是 AR1
                           ；下面将 0 反序排列到 OUT-DATA 的虚部处
LD_Im:   LACL 0           ；ACC←0
         MAR *,AR2        ；当前 AR=AR2
    SACL *BR0+,0，AR3   ；(AR2)←(ACC),AR2 反序加 AR0，下个 AR 是 AR3
    BANZ LD_Im，*-，AR1 ；(AR3)< >0 转 LD-Re，AR3-1，下个 AR 是 AR1
    LACL 1             ；

    SACL EXPl          ；变量 EXPl 存放 2^{l-1}
```

```
        LACL N          ;
        ADD 1           ;
        SACL N          ; 由 N-1 还原为 N
        SACL EXPm-l,1   ; 变量 EXPm-1 存放 2^{m-1}×2


        LACL m          ; N=2^m
        SACL lLOOP      ; 变量 lLOOP 存放第一层循环的次数。

LOOP_1:     LAR AR1,OUT_DATA  ; AR1 记 x̄(i)、x̄(j) 的下标 i、j

            LAR AR3,SIN_Table    ; AR3 记 2^{m-1}k×2，即正弦表的地址指针（由于按
            LACL EXPl,1          ; cos、sin 存放，所以乘以 2）
            SACL EXPl            ; EXPl=2^{l-1}×2
            LACL EXPl, 15        ;
            SACH kloop           ; 变量 kLOOP 存放第二层循环的次数 EXPl/2=2^{l-1}
            LACL EXPm-l, 15      ;
            SACH EXPm-l          ; EXPm-l=2^{m-l}
            SACH Iloop           ; 变量 iLOOP 存放在第三层循环的次数 2^{m-l}
LOOP_k LAR AR0,EXPl              ; AR0← 2^{l-1}×2（由于按实、虚存放，所以乘以 2）

LOOP_i MAR *0+,AR3              ; AR1←(AR1)+(AR0),准备坐标 j
        LACL 0                  ; AR1 对应坐标 j,AR3 对应正弦表地址指针 2^{m-1}k
        LT *+,AR1               ; T ← (AR3) = cosα_{lk}， AR3+1
        MPY *+,AR3              ; P ← T×(AR1)=R_j cosα_{lk} ,AR1+1
        LT *,AR1                ; T ← (AR3) = sinα_{lk}
        MPYA *-,AR3             ; ACC ← (ACC)+(P),P ← T×(AR1) = Ī_i sinα_{lk}, AR1-1
        APAC                   ; ACC ← (ACC)+(P) = R̄_j cosα_{lk} + Ī_j sinα_{lk}

        SACH  R_j               ;
        LACL  0                 ;
        LT *-,AR1              ; T ← (AR3) = sinα_{lk}, AR3-1
        MPY *+,AR3            ; P ← T×(AR1) = R̄_j sinα_{lk}, AR1+1
        LT *,AR1              ; T ← (AR3) = cosα_{lk}
        MOYA *-              ; ACC ← (ACC)+(P),P ← T×(AR1) = Ī_j cosα_{lk}, AR1-1
        SPAC                ; ACC ← (ACC)-(P) = R̄_j sinα_{lk} - Ī_j cosα_{lk}

        SACH  I_j               ;
        MAR *0-                 ; AR1←(AR1)-(AR0) 对应坐标 i（实部）
        LACC， *， 15          ;
```

```
            ADD Rⱼ, 15              ;

            SACH *+                 ; AR1 ← (Rᵢ + Rⱼ)/2，实部进行除 2 的归一化，
    AR1+1

            LACC *,15               ; 坐标 i（虚部）
            ADD Iⱼ,15               ;
            SACH *-                 ; AR1 ← (Iᵢ + Iⱼ)/2，虚部进行除 2 的归一化, AR1-1

            LACC *, 15              ; 回到坐标 i（实部）
            SUB  Rⱼ, 15             ;

            SACH *+                 ; AR1 ← (Rᵢ - Rⱼ)/2，实部进行除 2 的归一化，
    AR1+1

            LACC *,15               ; 坐标 i（虚部）

            SUB  Iⱼ, 15             ;

            SACH *—                 ; AR1 ← (Iᵢ - Iⱼ)/2，虚部进行除 2 的归一化，
    AR1-1

            LAR AR0, EXPl           ;
            MAR *0+                 ; 准备下个坐标 i
            LACL   iLOOP            ;
            SUB 1                   ;
            SACL   iLOOP            ;
            BGZ LOOP_i, *, AR3      ; 返回到循环 LOOP_i

            LAR AR0, EXPm—l         ;
            MAR *0+                 ; AR3 ← (AR3)+(AR0)，准备下个正弦表的指
    针 2^{m-l}k

            LACK   kLOOP            ;
            SUB 1                   ;
            SACL KLOOP              ;
            BGZ LOOP_k, *, AR1      ; 返回到循环 LOOP_k

            LACL lLOOP              ;
            SUB 1                   ;
            SACL lLOOP              ;
            BGZ LOOP_l, *, AR1      ; 返回到循环 LOOP_l
            RET                     ;
```

参 考 文 献

[1] 张雄伟，曹轶勇［M］．DSP 芯片的原理与开发应用［M］．第 4 版．北京：电子工业出版社，2009．

[2] 魏伟，等．DSP 原理与实践［M］．北京：中国电力出版社，2009．

[3] 秦永左，等．TMS320LF240X DSP 原理及应用［M］．北京：清华大学出版社，2009．

[4] 李利，等．DSP 原理与应用［M］．北京：中国水利水电出版社，2004．

[5] 彭启琮，等．DSP 技术的发展与应用［M］第 2 版．北京：高等教育出版社，2007．

[6] 刘和平，严利平，张学锋，卓清锋．TMS320LF240X DSP 结构、原理及应用［M］．北京：北京航空航天大学出版社，2002．

[7] 张芳兰，等．TMS320C2XX 用户指南［M］．北京：电子工业出版社，1999．

[8] 宁改娣，等．DSP 控制器原理及应用［M］．第 2 版．北京：科学出版社，2009．

[9] 胡广书．数字信号处理——理论、方法与实现［M］．北京：清华大学出版社，2007．

[10] 张小鸣．DSP 控制器原理［M］．北京：清华大学出版社，2007．

[11] 苏奎峰，吕强．TMS320F2812 原理与开发［M］．北京：电子工业出版社，2005．

[12] 王潞钢．DSP2000 程序员高手进阶［M］．北京：机械工业出版社，2005．